国家中等职业教育改革发展示范校创新系列教材

顾　　问：余德禄
总 主 编：董家彪
副总主编：杨　结　吴宁辉　张国荣

粤式风味家常菜制作

顾　　问：张　江　陈日荣
主　　编：陈少勇
副主编：刘小颖　刘世恩

U0241853

北京·旅游教育出版社

编委会

主　任：董家彪

副主任：曾小力　　张　江

委　员（按姓氏笔画排序）：

王　娟（企业专家）　王　薇　邓　敏

杨　结（企业专家）　李斌海　吴宁辉

余德禄（教育专家）　张　江　张立瑜

张璆晔　　张国荣　　陈　烨　董家彪

曾小力

总　序

在现代教育中,中等职业学校承担实现"两个转变"的重大社会责任:一是将受家庭、社会呵护的不谙世事的稚气少年转变成灵魂高尚、个性完善的独立的人;二是将原本依赖于父母的孩子转变为有较好的文化基础、较好的专业技能并凭借它服务于社会、能独立承担社会义务的自立的职业者。要完成上述使命,除了好的老师、好的设备外,一套适应学生成长的好的系列教材是至关重要的。

什么样的教材才算好的教材呢?我的理解有三点:一是体现中职教育培养目标。中职教育是国民教育序列的一部分。教育伴随着人的一生,一个人获取终身学习能力的大小,往往取决于中学阶段的基础是否坚实。我们要防止一种偏向:以狭隘的岗位技能培养代替对学生的文化培养与人文关怀。我们提出"立德尚能,素质竞争",正是对这种培养目标的一种指向。素质与技能的关系就好比是水箱里的水与阀门的关系。只有水箱里储满了水,打开阀门水才会源源不断。因此,教材要体现开发学生心智、培养学生学习能力、提升学生综合素质的理念。二是鲜明的职业特色。学生从初中毕业进入中职,对未来从事的职业认识还是懵懂和盲从的。要让学生对职业从认知到认同,从接受到享受到贯通,从生手到熟手到能手,教材作为学习的载体应该充分体现。三是符合职业教育教学规律。理实一体化、做中学、学中做,模块化教学、项目教学、情境教学、顶岗实践等,教材应适应这些现代职教理念和教学方式。

基于此,我们依托"广东旅游职教集团"的丰富资源,成立了由教育专家、企业专家和教学实践专家组成的编撰委员会。该委员会在指导高星级饭店运营与管理、旅游服务与管理、旅游外语、中餐烹饪与营养膳食等创建全国示范专业中,按照新的行业标准与发展趋势,依据旅游职业教育教学规律,共同制订了新的人才培养方案和课程标准,并在此基础上协同编撰了这套系列创新教材。该系列教材力争在教学方式与教学内容方面有重大创新,突出以学生为本,以职业标准为本,教、学、做密切结合的全新教材观;真正体现工学结合、校企深度合作的职教新理念、新方法。

在此次教材编撰过程中,我们参考了大量文献、专著,均在书后加以标注,同时我们得到了旅游教育出版社、南沙大酒店总经理杨结、岭南印象园副总经理王娟以及广东省职教学会教学工作委员会主任余德禄教授等旅游企业专家、行业专家的大力支持。在此一并表示感谢!

2013 年 8 月于广州

前　言

　　"一方水土养一方人"，一个菜肴风味的形成，要经历相当长的过程。这其中既有长期的饮食文化积淀，又有人文地理、气候物产、民风食俗以及经济发展水平等多方面因素的影响，当然还要具备相对完整的烹饪理论体系和独特的烹制调味技术。广东菜也叫"粤菜"，是中国四大菜系之一，粤菜在其形成和发展的过程中，早期受中原文化影响较大，到了晚清，广州成为我国主要的对外通商口岸，受西餐烹调技艺的影响，粤菜留下了明显的西菜烙印，食俗和菜肴中西合璧的特点都较突出，"集技术于一体，贯通于中西，共冶一炉"，是粤菜较为真实的写照。可以说，每一个菜肴风味的形成都凝聚了无数人的智慧和辛勤劳动。然而，正是这些不同的地方风味，才构成了中国烹饪的最大特色——饮食的多元化和菜肴的多样化。

　　为了进一步适应职业教育的改革发展，迎合创建国家级示范性学校的需要，本着前沿、实用和可操作的原则，在吸收以往教材优点的基础上，在业内专家和中餐烹饪与营养膳食专业教师的指导下，整合资源，编撰了本书。本书主要有以下几个特点：

　　一、内容选取具有代表性，能体现地方特色。

　　二、图文并茂，通俗易懂，操作性强。

　　三、理论实践一体化，理论指导实践，实践反映理论。

　　四、贴近教学，贴近行业，实现资源共享的最大化。

　　在本书的编写过程中，得到了副校长张江，国家级烹饪大师陈日荣，一线烹饪专业教师刘小颖、刘世恩的协助配合，在此表示衷心的感谢！

　　由于编者的学识和水平有限，书中难免存在疏漏和不完善之处，恳请同行和读者批评指正。

陈少勇

2013 年 8 月

前　言

目　录

第一篇 粤式风味菜制作场地、设备与工具

制作场地设备安全操作、工具的安全使用是初入厨房人员的最基本要求。包括:着装要求,纪律要求,卫生要求,安全意识,操作要求等。坚持安全、高效、节约的原则,做好工作中开收的检查验收工作。

模块一 学习场地与设备

中式烹调教学示范室

中式面点教学示范室

刀工训练室

刀工训练课堂

中式烹调实训室

中式烹调实训课堂

中式面点实训室

原料加工操作室

中式烹调炉灶与工具

中式烹调荷台

打荷工作台

清洗工作台

切配工作台

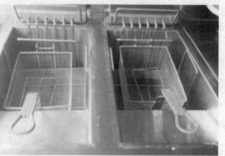

油炸炉台

碗(碟)柜

六门雪柜

不锈钢工作台

货架

模块二 厨房常用工具

蒸炉

煲仔炉

双耳铁锅

平底锅

高压锅

不锈钢盆

煤气炉

台称

微波炉

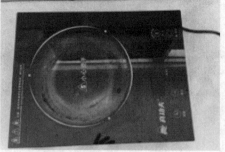

电热炉

不锈钢锅　　　　　　　　　　平底锅

调味盒　　　　　　　　　　　油盆

油格　　　　　　　　　　　　捞篱

锅扫　　　　　　　　　　　　钢篱

味盅　　　　　　　　　　锅架

锅铲　　　　　　　　　　炒勺

粉盅　　　　　　　　　　酒壶

油壶　　　　　　　　　　码碟

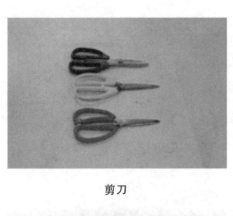

剪刀

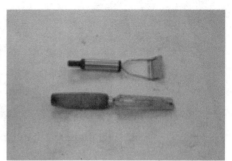

刨刀

片刀

桑刀

骨刀

文武刀

砧板

钢模

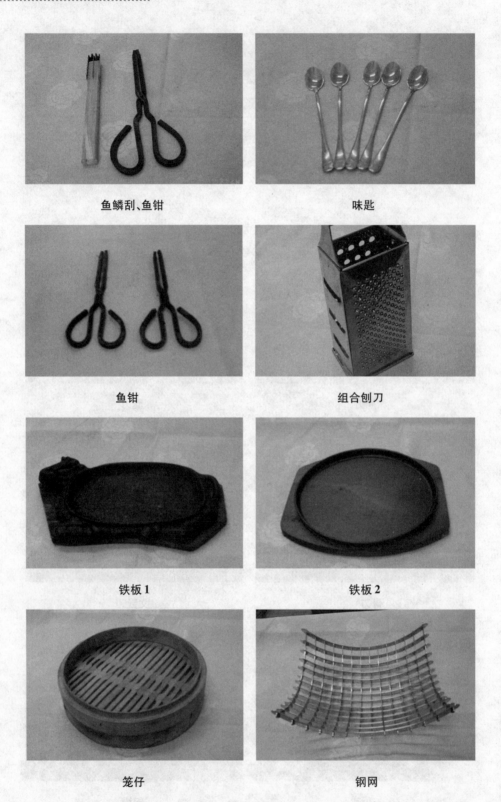

鱼鳞刮、鱼钳　　　　　味匙

鱼钳　　　　　组合刨刀

铁板1　　　　　铁板2

笼仔　　　　　钢网

镬仔 1

镬仔 2

木盆

铁盆

铜盆

钢盆

藤篱 1

藤篱 2

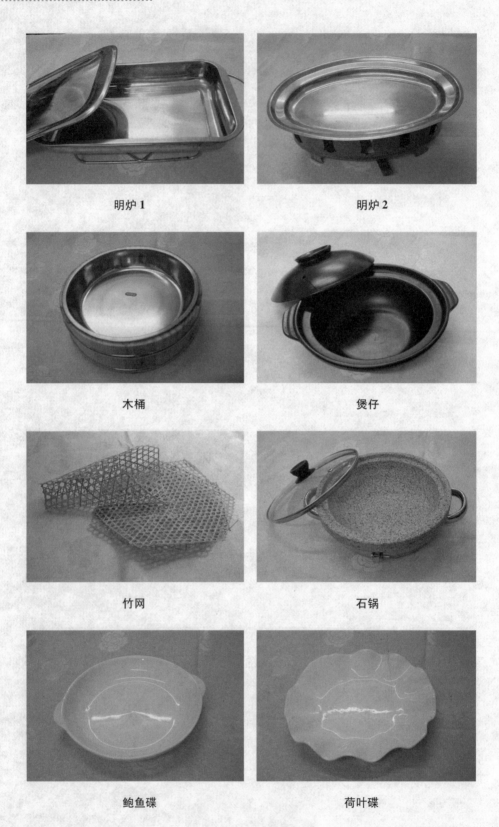

明炉 1　　　　　　　　　　　明炉 2

木桶　　　　　　　　　　　　煲仔

竹网　　　　　　　　　　　　石锅

鲍鱼碟　　　　　　　　　　　荷叶碟

鹅蛋碟

鱼碟

热荤碟

例碟

骨碟

扣碗

方碟

例碟

平瓷板　　　　　　　　　　日字碟

炖盅　　　　　　　　　　富贵盅

色碟1　　　　　　　　　　色碟2

胶盆　　　　　　　　　　胶篱

货架1　　　　　　　　　　　　　　货架2

模块三　安全使用与保养

1. 冻库

不得用水冲洗机头,不随意调动开关,出入须关门,不得用脚踢,下班前必须关灯,锁门。

2. 雪柜

柜门不得随意敞开,货品不得积压太多,注意生熟分放。雪柜的机头上面不得堆放物品。每周清洗一次,清洗时关掉电源。

3. 电烤箱

用完后要关掉电源,柜门轻拉轻关,不得用水冲洗,操作时高温烧烤时间不宜过长。

4. 微波炉

不烹制紧密包装原料及带金属的物品,箱门轻拉轻关,下班前关掉电源或拔掉插头,烹制时不得漏油液出来。

5. 绞肉机

不绞带骨头的肉,或过硬原料,刀头不得反装,使用时不得硬塞原料,用后拔掉电源,清洗干净,不用水冲洗机身。

6. 蒸柜

先装满水再接通电源,不得干烧,柜门轻拉轻关,不得用脚踢门,开门时应先松上面扭扣,后松下面的。

7. 高压锅

使用时不要有物品压住气阀,开火前检查锅盖是否扣好。蒸气放尽后才打开锅盖,或用冷水冲至凉后打开。

8. 刀具

片刀、桑刀不得切过硬原料,文武刀不得砍大骨以上的硬物。用刀后必须用干净手布揩干刀身的水分,放回刀箱。遇有气候潮湿的季节,在刀口涂上一层植物油,以防生锈和腐蚀。

9. 砧板

新砧板可用盐水涂在表面,使砧板的木质经过盐渍而收缩,质地更为结实、耐用,不易开裂。砧板使用完毕后,应刮清擦净,用洁布罩好,竖放吹干水分。

10.台秤

重量不称过最大字面,称盘不长时间压放物品,轻拿轻放,防止水汁进入机芯,不得随意拆调。

11.炉灶

使用时,先点火种,慢开气量与风量,禁止先开气、风后点火。非相关人员不得私自操作炉灶,初学者必须有师傅带。

12.瓷器沙煲

轻拿轻放,碗碟堆放不得超多,沙煲不得超过 10 个,并以下大上小的顺序摆放。

13.其他

调味盅用完后须抹干净,加盖防止各方面污染。厨具用完后须清洗干净,抹干水分,放置通风干燥处。

安全使用与保养

第二篇　粤式风味菜制作基本操作技术

基本操作技术是制作任何菜肴的"基本功"。从中式烹调工艺流程来看,风味菜基本操作技术包括刀法、刀工成形、洗锅、翻锅、原料初步熟处理等操作基本技能。每种基本操作技术间都有紧密联系,某个环节操作不好就会影响到制品的质量。只有经过不断的练习和长时间的经验积累,才能达到要求。

模块一　刀工基础成形练习

【刀工概念】

刀工就是根据烹调和食用的要求,运用不同的刀法,将各种原料加工成一定形状的操作过程。

【刀工作用】

1. 便于食用
2. 便于加热
3. 便于调味
4. 美化形体
5. 丰富品种
6. 提高质感

【刀工要求】

1. 整齐均匀,厚薄相等
2. 适应烹调
3. 灵活下刀
4. 清爽利落不粘连
5. 合理用料,物尽其用
6. 周密考虑形状协调
7. 注意卫生,做好保管

【刀法概念】

刀法就是使用不同的刀具将原料加工成一定形状时采用的各种不同的运刀技法。

【刀法分类】

刀法分为普通刀法和特殊刀法两大类。普通刀法可分为标准刀法与非标准刀法两类。

图 2 - 1

1. 标准刀法:指刀身与砧板平面有一定角度关系的运刀方法 。标准刀法分为直刀法、平刀法、斜刀法及弯刀法四大类。

(1)直刀法:刀身与砧板平面做垂直运动的一种运刀方法。操作过程中常使用直切、推切、拉切(又称拖刀切)、推拉切(又称锯切)、刀口剁、刀背剁、直斩、拍斩、直刀劈、跟刀劈。

图 2 - 2

(2)平刀法(又称片刀法):平刀法是指运刀时刀身与砧板基本上呈平行状态的刀法。操作过程中常使用平片、推片、拉片、推拉片、滚料片等方法。

图 2 - 3

（3）斜刀法：斜刀法指刀身与砧板平面呈斜角的一类刀法。操作过程中常使用正斜刀法（又称左斜刀、内斜刀）、反斜刀法（又称右斜刀、外斜刀）。

图2－4

（4）弯刀法：刀身与砧板平面之间的夹角不断变化的刀法。操作过程中常使用顺弯刀法和抖刀法。

图2－5

2.非标准刀法：刀身与砧板平面不存在规律性角度关系的运刀方法。如剁、起、撬、刮、拍、削、剖、戳等。

图2－6

【操作姿势】

1. 站立姿势:操作时,两脚自然地分立站稳身略倾向前,前胸稍挺,不要弯腰曲背,目光注视两手操作部位,身体与砧板保持一定的距离。

2. 握刀姿势:一般都以右手握刀,握刀部位要适中,大多用右手大拇指与食指捏着刀身,用力紧紧握住刀柄,握刀时手腕要灵活而有力,操作时,主要运用腕力。

3. 左手稳住物料移动的距离和移动的快慢必须配合右手落刀的快慢,两手应紧密有节奏地配合。

4. 切物料时左手必须呈弯曲状,手掌后端要与原料略平行,利用中指第一关节抵住刀身,使刀有目标地切下,刀刃不能高于关节,否则容易将手指切伤。

5. 关键持刀要稳,下刀要准,用力均匀,刀距一致,注意集中精神。

【操作练习】

原料成形多种多样,常用有块、片、丝、条、丁、粒、松(末)、蓉、段、件、脯、球、花等形状。

一、块

块的形状、大小、薄厚各异,规格也不尽相同,形体更不规则,大小应取决于食用和烹调的要求,灵活掌握。

【块的分类】

1. 块大小,决定于原料宽窄、厚薄和刀法。

2. 形状可分为菱形块、正方块、长方块、滚刀块等多种。

【切块方法】

1. 形状要根据烹调要求及原料的性质特点决定。

2. 常用的刀法切、斩两种。

【注意事项】

1. 松软、脆嫩原料采用切法,坚硬带骨原料采用斩法,但要整齐划一、大小相等。

2. 某些原料剞上花刀后再改成块,烹制时易于入味。

3. 用于烹制时间长菜肴块形稍大,烹制时间短菜肴块形稍小一些。

【成形原料】

冬瓜、白萝卜、红萝卜

【成形规格】

1. 大块:长×宽×高:约6×4×4cm

图 2 - 7

2. 小块：长×宽×高：约 4×2.5×2.5cm

图 2 - 8

【举一反三】

鱼块、鸡块、排骨、南瓜块、姜块、笋块等。

二、片

将原料去皮、去瓤、去筋、去骨，改切成所需规格边长的坯形，再行切片。

适用于各种肉类和植物原料。

【片的分类】

1. 片可分为厚片、中片、薄片、指甲片。

2. 形状和大小根据原料质地、火候、制法不同有所不同。

【切片方法】

1. 片的成形刀法一般采用直刀法中切、平刀法中片、斜刀法中正反刀片三种刀法。
2. 常见的片有正方片、长方片、指甲片、月牙片等。

【注意事项】

1. 原料质地坚硬、脆嫩较厚大片采用切法。无法直切扁薄较软原料采用平刀法。
2. 烹调时间长片厚一些,烹调时间短片薄一些,但要整齐划一,大小相等。
3. 片状烹调原料不带骨头。

【成形原料】

萝卜、莴笋

【成形规格】

1. 厚片:长×宽×高:4×2×0.6cm

图 2 - 9

2. 中片:长×宽×高:4×2×0.3 cm

图 2 - 10

3．薄片：长×宽×高：4×2×0.2 cm

图 2－11

4．指甲片：长×宽×高：1.5×1×0.1cm

图 2－12

【举一反三】

梅肉片、鸡片、牛肉片、鸭片、生鱼片、鱿鱼片、鲍片。

三、丝

丝是呈细条状，它是运用片、切等刀法加工而成。

【丝的分类】

1. 丝分粗丝、中丝、细丝、银丝四大类。
2. 丝的粗细根据原料质地、火候、烹制需要而定。

【切丝方法】

1. 将原料加工成片,将片排叠整齐或叠阶梯形,然后再切成丝。

2. 常用的刀法是直刀法中直切、推切、拉切、锯切;斜刀法中的下刀片、反刀片;平刀法中的直片推拉片、抖刀片。

【注意事项】

1. 丝的粗细决定于切片的厚薄。

2. 切丝要求整齐划一,大小一致。

3. 银丝适合做汤羹类,如蛇羹。

【成形原料】

土豆

【成形规格】

1. 粗丝:长×宽×高:约 7×0.4×0.4cm

图 2-13

2. 中丝:长×宽×高:约 6×0.3×0.3cm

图 2-14

3. 细丝：长×宽×高：约 6×0.2×0.2cm

图 2－15

4. 银丝：长×宽×高：约 5×0.05×0.05cm

图 2－16

【举一反三】

肉丝、牛肉丝、黄鳝丝、鱿鱼丝、竹笋丝、椒丝、葱丝、姜丝。

四、条

条形状与丝相似，切法也相近，它是运用片、切等刀法加工而成。

【条的分类】

1. 条有粗条与细条之分。

2. 条的粗细根据原料性质和烹调需要而定。

3. 香葱去头尾洗净称葱条。

【切条方法】

1. 将原料切成厚片,再改刀切成条。

2. 常用的刀法是直切法。

【注意事项】

1. 条的粗细决定于切片的厚薄。

2. 条的要求整齐划一,大小一致。

【成形原料】

萝卜

【成形规格】

1. 粗条(手指条):长×宽×高:约7×2×2cm

图 2－17

2. 细条(筷子条):长×宽×高:约7×1×1cm

图 2－18

【举一反三】

鸡条、鱼条、葱条、青瓜条、冬瓜条、萝卜条、冬笋条。

五、丁

【丁的分类】

1. 丁分为大丁、中丁、细丁。

2. 形状可分为菱形丁、毂子形丁、橄榄形丁等。

【切丁方法】

先将原料片成厚片,再将厚片切成条,再将条改切成丁。丁的大小、形状要根据烹调要求而定。

【注意事项】

1. 首先掌握片的厚度,片切成条时要整齐划一。

2. 切丁时下刀要直,刀距要一致。

【成形原料】白萝卜(莴笋,红萝卜)

【成形规格】

1. 大丁:长×宽×高:2×2×2 cm

图 2－19

2. 中丁:长×宽×高:1.5×1.5×1.5 cm

图 2－20

3.小丁:长×宽×高:1×1×1 cm

图 2 - 21

【举一反三】

肉丁、鸡丁、肾丁、菇丁、红萝卜丁、沙葛丁、马蹄丁、芥蓝头丁、莴笋丁、西芹丁、辣椒丁、洋葱丁、火腿丁、带子丁、青瓜丁、土豆丁。

六、粒

粒是小于丁的正方体,它的成形方法与丁相同,体积约是丁的1/2之间。

【粒的分类】

1.粒分为大粒,细粒。

2.粒形状比丁小,呈方形,大的如冬豆,小的如米粒。

【切粒方法】

切粒与切丁方法大致相同。粒的大小要根据烹调要求而定。

【注意事项】

1.粒的大小取决于片的厚薄,再切成丝,丝切成粒。

2.切粒时下刀要直,刀距要一致。

【成形原料】

白萝卜(莴笋,红萝卜)

【成形规格】

1. 粗粒:长×宽×高:约 0.6×0.6×0.6cm

图2－22

2.细粒:长×宽×高:约04×0.4×0.4 cm

图2－23

【举一反三】

冬瓜粒、火腿粒、鸡粒、肉粒、笋粒、红萝卜粒、沙葛粒、马蹄粒、芥蓝头粒、莴笋粒、西芹粒、辣椒粒、洋葱粒、带子粒、青瓜粒、白萝卜粒。

七、末(松)

末是小于粒的正方体,成形方法与粒相同。末的大小犹如绿豆粒。

【末的分类】

一般分动物性与植物性原料两大类。

【切末方法】

1.切末与切粒方法大致相同。末的大小要根据烹调要求而定。

2.将原料拍碎后再剁成末。

【注意事项】

1. 末首先片成薄片,再切成细丝,细丝切成末。

2. 切末用直刀法中的剁,也可以用切法。

【成形原料】

姜

姜末:约0.15×0.15×0.15cm

图2－24

【举一反三】

姜末、蒜末、火腿末、洋葱末、干葱末、肉末。

八、蓉(泥)

蓉是指用各种方法将原料做成呈泥状的形态。

【蓉的分类】

一般分动物性与植物性原料两大类。

【制蓉方法】

1. 用刀切成细末后,再用刀背剁成泥状。

2. 原料蒸熟后压成泥状。

3. 用机械把原料压成泥状。

【注意事项】

1. 植物性原料在加工前去净皮及不可食用部分。

2. 动物性原料加工前要去干净皮、骨头,剔除筋膜及不可食用部位。

【成形原料】

冬瓜

【成形规格】

瓜蓉:冬瓜去皮、瓜瓤,切块蒸熟,用刀压成泥状。

图 2－25

【举一反三】

瓜蓉、肉蓉、鸡蓉、虾胶、芋蓉、花生蓉、土豆泥。

九、段

段也称之为度,粤菜厨师常称为碌。将原形为条状的原料切改出一定的长度规格称之为段。

【段的分类】

1. 段有长段和短段之分,如葱段。

2. 段的原材料也有动植物之分。

【切段方法】

1. 常用的刀法有切、斩两大类。

2. 段的长短粗细根据原料的性质和成菜要求考虑。

【注意事项】

1. 植物性原料一般用切,动物性原料用斩。

2. 切段时下刀要直,刀距要一致,大小相等。

【成形原料】

葱

【成形规格】

1. 长葱段:长约6cm

图 2 – 26

2. 短葱段:长约 3cm

图 2 – 27

【举一反三】
鳝段、凉瓜段、排骨段、豆角段、蒜苗段、蛇碌段、虾碌段。

十、件

件是指较厚大形状的原料,多数原料自身厚度作为成形厚薄标准。

【件的分类】
1. 在形态上有大件、细件之分。
2. 根据原料性质不同加工出的件称呼不同,如扣肉称件。

【切件方法】
1. 一般根据原料自身厚度改成相应形状及规格。如猪肚件:长 6cm,斜刀切成宽约 1.5cm 的件。

2.件的大小根据烹调和配搭的需要而定。

【注意事项】

1.件的长短、大小、厚薄要求一致。

2.刀法运用灵活操作。

【成形原料】

洋葱

【成形规格】

1.洋葱件:约长4cm×宽3cm

图2-28

2.菇件:约长5cm×宽3cm

图2-29

【举一反三】

猪肚件、鱼唇件、鸭件、乳猪件、鲜鱿件、菇件。

十一、球

球是指原料烹制熟后收缩或卷曲略呈圆状的块形或件形。由于原料的性质不同,球形的加工方法就不同,形状大小也有所差异。

【球的分类】

1. 植物性原料常见橄榄形、蒜球形、圆球形。

2. 动物性原料常见鱼球、虾球、肾球等。

【改球方法】

1. 通常在肉料上剖上花刀,再切成小方块或长方块。

2. 把植物原料通过削、刮、旋等改成圆形。

【注意事项】

1. 剖花刀需深浅一致,大小均匀,且有深度才能卷曲成形。

2. 瓜脯过厚也要剖花刀,但不宜过深,熟后容易碎。

【成形原料】鸭肾、冬瓜

【成形规格】

1. 肾球:

图 2-30

2. 瓜球:直径约 2.5cm

图 2-31

【举一反三】

鲈鱼球、肾球、虾球、鸡球、龙利球、山斑球、乌鱼球、塘利球、鳝球、腰球。

十二、脯

脯是比片稍厚、大的形状,最薄的一般不少于 0.3cm。

【脯的分类】

1. 有动物性与植物性原料之分。

2. 脯的形状大小决定于菜肴制作需要而定。

【改脯方法】

1. 常见冬瓜脯:冬瓜脯长 12cm × 宽 8cm。

2. 肉脯多用综合刀法加工,广东人常称为猪扒、牛扒。

【注意事项】

1. 做肉脯在加工时要考虑用工具捶松或剖花刀,易于入味。

2. 瓜铺在加工时注意大小相等和造型美观。

【成形原料】节瓜

【成形规格】

节瓜铺:长 12cm × 宽 6cm

图 2 - 32

【举一反三】

肉脯(猪扒)、鸡脯、鸭脯、牛扒、鱼脯、瓜铺。

十三、花

花也就是用于制作菜肴时增色增香,丰富色彩用量少原料。

【花的分类】

1. 以葱为原料,切细称之为葱花。

2. 原料改切成各种图案,如花、鸟形状,也称之为花。

【改花方法】

1. 用香葱根据葱大小切成均等方粒状。

2. 常见的有葱花、姜花、金笋花。

【注意事项】

1. 切出的料头花首先形似,刀工简洁。

2. 料头花形体不宜过大,切片时不宜过厚或过薄。

【成形原料】胡萝卜(姜、葱)

【成形规格】

1. 葱花:

图 2-33

2. 料头花:

图 2-34

【举一反三】

心里美花、白萝卜花、胡萝卜花、姜花。

【拓展实践】

分组领料:每位学生把刀工成形分别操作练习。

【评价标准】

评价项目	考核要点	分值
评价标准	大小:	20
	厚薄:	20
	造型:	20
	达标:	20
	卫生:	20
总分		

【课外思考】

一、判断题:

1.(　　)直刀法就是在操作时刀口朝下,刀背朝天,刀身向砧板平面做平行运动的一种运刀方法。

2.(　　)斜刀法是指刀身与砧板平面夹角不断变化的一类刀法。

3.(　　)运刀的方法称为刀工。

4.(　　)跳刀法主要适用于植物性原料,如切姜丝、葱丝、笋丝等。

5.(　　)直刀法是运刀时与砧板平面成直角,包括切法、剁法和斩法三种。

6.(　　)平刀法是指运刀时刀身与砧板呈平行状态的,此刀法加工初件大形薄且均匀,主要适应于植物性原料。

7.(　　)非标准刀法主要包括有剖、起、撬、刮、拍、削、戳等。

二、选择题:

1.把鸡心片成片状,应该使用平刀法中的(　　)。

A.滚料片法　　　　　B.推拉片法　　　　　C.拉片法　　　　　D.平片法

2.斜刀法一般用于美化原料形状,适合软性的原料,如(　　)等。

A.改笋花、姜花　　　　　　　　　　　B.猪腰、松花蛋、鲍鱼片

C.肾球、鱿鱼片　　　　　　　　　　　D.花枝(乌贼)片、菊花鱼

3.生鱼片的最后刀工成形所使用的刀法是(　　)。

A.直切刀法　　　　　B.推切刀法　　　　　C.正斜刀法　　　　　D.反斜刀法

4.把青瓜加工成青瓜片,其最后刀工成形所使用的刀法是(　　)。

A.直刀法　　　　　B.滚料切法　　　　　C.正斜刀法　　　　　D.反斜刀法

5.对于筋络较多的鸭脯,应该使用"非标准刀法"中的(   )进行处理,使其断筋防收缩,松弛平整,易于成熟入味,质感松嫩。

A.拍法　　　　　　　B.戳法　　　　　　　C.剞法　　　　　　　D.剁法

6.运刀的方法称为(   )。

A.刀工　　　　　　　B.刀法　　　　　　　C.刀章　　　　　　　D.刀技

7.平刀主要适应于(   )。

A.无骨的动物性原料和植物性原料　　　　　B.动物内脏性原料

C.动物性原料　　　　　　　　　　　　　　D.植物性原料

8.原料刀工成形的种类有丁、丝、粒、片、球、脯、块、条、件、段(   )。

A.蓉、米、末　　　　B.末、扒、蓉　　　　C.米、扒、蓉　　　　D.花、松、蓉

9.属于标准刀法的是(   )。

A.起法　　　　　　　B.剁法　　　　　　　C.剞法　　　　　　　D.戳法

10.(   )主要适用于改切各种花式(如改笋花、姜花)的胚型。

A.顺弯刀法　　　　　B.切法　　　　　　　C.削法　　　　　　　D.抖刀法

模块二　炒锅基本技能练习

一、烧锅

厨房中炒锅清洗,一种方法就是火烧法。把黏在锅上的油污和积炭经高温完全炭化后,再加水用锅扫涮洗。

图 2－35

二、洗锅

酒店厨房是不允许用布抹锅的,一是抹不干净。二是不卫生。涮锅方法是锅里放适量的水,用竹扫按顺时针或反时针转动,倒去水后放偏炒锅,再用锅扫下重起轻技巧把余水去净。

图2－36

三、倒水

倒水时先把锅拉到炉边,灵活向两面倒水,但要拿锅扫去托住炒锅的一面,以免炒锅翻倒。

图2－37

四、投料、飞水（焯水）

投任何料下锅时左右手要配合好,从锅边倒料,尽量去净水分。倒料时先把锅拉起炉边,过重可以用手勺托锅耳配合。

图2－38

五、搪镬(滑油)

锅在投料前一般要滑一下油,热锅凉油主要起到不粘锅的作用。

图 2-39

六、加底油、投料

炒菜一般要加适量底油,投入姜、葱等料头爆出香味后才加入其他原料烹制。投料时可以把锅离开火位,以免锅高温伤人。

图 2-40

七、翻锅

翻锅是个技巧活,左右手配合好,能轻巧地把锅里的原料翻动。是厨师训练的基本功。

图 2-41

八、出锅、装碟

菜肴出锅时要把炒锅离开炉火。装碟要自然堆成山形，一般不能堆出碟子的内圈。

图 2－42

九、加水、洗锅

菜肴装碟后，炒锅要重新放回炉灶上，加水清洗，保持炒锅的洁净，加水时要注意不能有水漏到炉火里。

图 2－43

【拓展实践】

操作练习：基本功训练，是每位同学的必修课。

图 2－44

【评价标准】

评价项目	考核要点		分值
评价标准	手法：		20
	动作：		20
	协调性：		30
	达标：		20
	卫生：		10
	总分		

【课外与思考】

1.利用空余时间,熟练翻锅和各种动作协调。

模块三　原料初步熟加工练习

烹调前的初步热处理,是助锅(打荷)在正式菜肴烹制前对原料的预制工作,它包括炟、飞、滚、煨、爆、炸、炼等多项具体工作。

一、炟

就是将原料投入加有枧水沸水中,加热煮透,使果仁脱皮、蔬菜变软滑、面条成熟松散的初步熟处理加工方法。

【实践案例】

炟凉瓜

【烹饪原料】

凉瓜500克、清水2500克、枧水40克。

【制作方法】

炒锅加入清水加热至沸,调入枧水,放入开边去瓤凉瓜,至色泽青绿,捞起,用清水漂净枧味。

图 2-45

【举一反三】焾生面、焾芥菜胆、焾鲜菇、焾白菜胆。

二、飞

将原料放入沸水中略加热片刻的一种方法。作用主要是去除某些原料的血污,并保持原料色泽的鲜明,去除原料异味,以及使原料定型。

【实践案例】荷兰豆初步熟处理

【烹饪原料】荷兰豆 500 克、清水 1000 克、生油 10 克。

【制作方法】

把初加工的荷兰豆放入有少量生油沸水中,略滚片刻,捞出过凉。

图 2-46

【举一反三】动物内脏、上粉腌制肉料、生菜胆、豆角、煲汤材料。

三、滚

滚是将原料放入沸水中煮透的一种方法。防止原料的变质或透明,使原料去除有害或不良涩味。

【实践案例】冬瓜粒初步熟处理

【烹饪原料】冬瓜粒 500 克、清水 1500 克。

【制作方法】

把冬瓜粒和清水一起加热至沸腾,滚至瓜粒熟透,捞出清水浸至透明。

图 2-47

【举一反三】干货原料、鲜笋、冬瓜盅、酸笋、鲜草菇。

四、煨

原料飞水后,烧锅下油,放入姜、葱、酒爆香,加入汤水调味,放入原料滚透的一种方法。目的是去除原料异味和增加香味。

【实践案例】冬菇初步熟处理

【烹饪原料】

发好湿冬菇 500 克,大姜片 20 克、葱条 20 克、料酒 10 克、二汤 1000 克、盐适量。

【制作方法】

起锅滑油,放入姜片、葱条,略爆炒至香,溅入绍酒,加入二汤,调入精盐,滚约 2 分钟,去除姜片、葱条,再放入原料,滚约 3 分钟捞起,沥去水分,盛起待用。

图 2 - 48

【举一反三】异味大原料、水鱼块、浮皮、海参、鱼肚。

五、煸（爆）

煸是将某些原料放在炒锅中，边加热边不断翻炒，至原料干身，透出香气的一种方法。目的是经过爆炒，蒸发多余的水分，香气透出，增加菜肴风味。

【实践案例】豆角的初步熟处理

【烹饪原料】青豆角 500 克、盐 5 克、料酒、油适量。

【制作方法】

起锅滑油，投入豆角、盐、适量料酒煸至深绿，稍干身倒出。

图 2 - 49

【举一反三】狗肉、羊肉、鸭肉、四季豆。

六、炸

炸是将原料用油加温炸上色、炸熟、炸透的一种熟处理方法。能使食品甘、香、酥(松)、脆,为正式烹制前的半制成品。

【实践案例】腰果的熟处理

【烹饪原料】腰果 500 克、盐 15 克、小苏打 10 克、水、油适量。

【制作方法】

起锅加入清水 1500 克,小苏打 10 克和腰果滚透,漂去碱味,再用清水加盐滚过,晾干,用约 140℃油温将腰果炸至微黄色,捞起晾冻。

图 2-50

【举一反三】花生、榄仁、核桃、南杏、炸枝竹、炸芋片、炸红鸭、炸圆蹄、扣肉。

七、炼

炼是指把动物大油(如猪油、鸡油等)、网油或肥肉放入炒锅加温熬油,也指对用过的油进行提炼,使油中的水分蒸发,防止变质。

【实践案例】炼鸡油

【烹饪原料】鸡油膏 500 克,姜 15 克、葱条 15 克、盐 3 克。

【制作方法】

将切好的鸡油膏洗净,放入沸水中"飞水",烧热炒锅,下姜、葱、鸡油膏和少许盐炒匀,先用中火后用慢火加热,炼制时要经常翻动,待油渣浮起用笊篱捞出,油脂经过滤倒入器皿。

图 2 - 51

【举一反三】

肥猪肉、网油、旧油。

【拓展实践】分组练习:每位同学练习一款品种。

【评价标准】

评价项目	考核要点		分值
评价标准	手法:		20
	动作:		20
	协调性:		30
	达标:		20
	卫生:		10
总分			

【作业与思考】

一、判断题:

1.(　　　)焯湿面的方法是:把湿面放在清水中边滚边用筷子搅散,捞起沥干水分,摊开放置。

2.(　　　)原料初步熟处理的炸适用于干果、需上色的动物性原料、脆皮炸鸡、枝竹、芋头制品、大地鱼、蛋丝、粉丝、番薯、冬瓜等。

3.(　　　)初步熟处理的成品中有熟透的,是可以直接食用的原料,如炸的干果,所以初步熟处理等同于正式烹制。

4.(　　　)原料一般先经过焯去除异味再煨制。

5.(　　　)焯芥菜胆的火候是焯至芥菜胆转色即可捞出。

6.(　　　)原料一般先经过焯去除异味再煨制。

二、选择题：

1. 下面四项中( )不是炟鲜菇的目的。

A. 炟鲜菇使其含有的草酸被破坏,并随沸水被带走

B. 炟鲜菇让其除去异味

C. 炟鲜菇让其吸收内味

D. 炟过的鲜菇不再生长

2. 除( )外,其余都是鲜菇需要炟的原因。

A. 鲜菇含有草酸,炟可破坏草酸

B. 鲜菇带有细菌,炟可防止变质

C. 鲜菇带有异味,炟可消除

D. 鲜菇会继续生长,炟可使其生长停止,保持鲜菇的质量

3. 动物内脏飞水的方法是:把切改好的原料放进沸水中,用( )加热片刻,捞起用清水冲洗。

A. 猛火　　　　B. 中火　　　　C. 中慢火　　　　D. 慢火

4. 冬瓜盅在初步熟处理时最宜用( )。

A. 冷水滚　　　B. 暖水滚　　　C. 热水滚　　　D. 沸水滚

5. 原料初步熟处理的炸中,所有炸干果炸至( )色泽即可捞出油锅,出锅后色泽仍会加深,出锅后必须立即摊开晾凉,否则堆在里头的会发焦。

A. 六成　　　　B. 七成　　　　C. 八成　　　　D. 九成

6. 初步熟处理分炟、飞水、滚、炸、( )、上色等几种常用的工艺方法。

A. 出水　　　　B. 煮　　　　　C. 焖　　　　　D. 泡油

7. 对原料进行初步熟处理时,以下操作中,( )是不正确的。

A. 植物原料糖分重的均要先漂水,减少糖分再炸。

B. 所有炸干果都要防止油溢出,注意安全。

C. 所有原料下油锅前均需要尽量沥干水分。

D. 炸扣肉、圆蹄在涂酱油前要先用洁布抹净水分、油分,趁热上色。

8. 炟芥菜胆时,以下操作中,( )的做法是错误的。

A. 用猛火来炟制　　　　　　　　　B. 捞起后叠齐,放在筲箕内

C. 5千克清水加入枧水70克　　　　D. 炟约2分钟至芥菜胆青绿、熟身

9. 初步熟处理滚分( )等方法。

A. 冷水滚和热水滚　　　　　　　　B. 热水滚和沸水滚

C. 冷水滚和沸水滚　　　　　　　　D. 冷水滚、热水滚、沸水滚

10. 遵守卫生法规,养成良好的卫生习惯,重视客人的身体健康和饮食安全,确保食品卫生。这是烹调师( )所要求的。

A. 良好的个人形象　　B. 尊重客人　　C. 企业规范　　D. 法律意识

11. 根据原料的特性和菜肴的需要,用水或油对原料进行初步的加热,使其处于初熟、半熟、刚熟或熟透状态,为正式烹调做好准备的工艺操作过程称为( )。

A. 预制　　　　B. 预烹　　　　C. 初步熟处理　　　　D. 初步加工

第三篇　粤式风味菜制作

模块一　广东鱼生、凉拌系列菜

【烹调技法】

捞(凉拌)烹调法

【学习目标】

1.了解广东鱼生的制作、种类、特点。

2.通过示范、品尝和实践活动,进一步掌握广东鱼生制作原料选择、加工程序、食法等技术要求。

3.学会凉拌菜的选料、加工、调味、装盘及制作方法。

【技法介绍】

捞:就是"拌"的意思。把生的原料或晾凉的熟原料,经切制成型后,加入各种调味品,然后调拌均匀的做法。

分类:

(1)生捞:生料加调味品拌制成菜。

(2)熟捞:是指加热成熟的原料冷却后,再切配,调入味汁拌匀成菜的方法。

(3)生熟混捞:指原料有生有熟或生熟参半,经切配后再以味汁拌匀成菜的方法。

【技法特点】

清爽鲜脆。

【实践案例1】风生水起(广东鱼生)

风:风调雨顺;生:生生不息;水:水在灵气;起:起居走向,天地人和。风生水起是广东话成语,形容有生气,民间有传吃"生鱼"会带来好运,因此,吃"鱼生"名为"风生水起"。现在比喻事情做得特别好,一定时间内发展得特别快,能迅速壮大起来。

食材天地

罗非鱼:又称福寿鱼,俗称非洲鲫鱼。是中小型鱼类,它的外形、个体大小有点类似鲫鱼,鳍条多荆似鳜鱼。广盐性鱼类,海水、淡水中皆可生存;耐低氧,一般栖息于水的下层。罗非鱼的肉味鲜美,肉质细嫩,含有多种不饱和脂肪酸和丰富的蛋白质。

成品要求

鱼生冰凉爽滑,各式香、辛、酸、甜的佐料将鱼生之鲜美尽情带出。

工艺流程

选料→活养→宰杀→冷藏→切片→摆盘→上桌。

烹调原料

1. 主料：罗非鱼750～1000克。

2. 配料：炸米粉丝、炸芋丝、洋葱丝、葱白丝、姜丝、酸姜丝、萝卜丝、辣椒丝、指天椒、酸荞头、生蒜片、柠檬片、花生、芝麻、柠檬叶丝各35克。

3. 调料：盐、花生油、鲜豉油、胡椒粉、芥辣（瓦萨比）。

制作程序

1. 放血：鱼下颌处和尾部各割一刀，然后将鱼放回水中，待鱼在游动挣扎中鲜血流尽，无瘀血，鱼肉才洁白，没有腥味。

2. 刮鳞、开膛、起肉、去皮。

3. 雪藏（冰冻）：鱼肉放进冰箱冷冻一阵，才能爽滑清甜。

4. 切鱼片：鱼生好不好吃，全看师傅的刀工，鱼片切成仅0.5毫米左右的厚度，薄如蝉翼，晶莹剔透。鱼生在片好之后，用冰块保持低温。

5. 摆碟：盛鱼生一般用传统的漆盘或是船形器皿。盘中放入冰块轧平，然后在上面铺上一层保鲜膜，再将鱼片均匀、整齐地覆盖在上。

6. 把粉丝、芋丝、花生炸酥，芝麻炒香，酸荞头、柠檬、生蒜各切片，洋葱、葱白、姜、萝卜、酸姜、辣椒、柠檬叶等各切丝，指天椒切粒，用盆摆上和调味料一起跟加工好的鱼生一起上桌。

温馨提示

1. 粤菜鱼生吃法

分广州地区顺德鱼生、九江鱼生，客家地区五华鱼生、兴宁鱼生，潮汕鱼生三大类。

2. 做鱼生的鱼分三个等次

下品：鱼较便宜，肉薄，刺多，口感差。主要是鲢鱼和大头鱼。

中品：肉较厚，味清甜，刺主要是大骨，口感较好，有鲤鱼、草鱼。

上品：桂花鱼、鲫鱼、罗非鱼，这类鱼的特点是肉筋道，口感极好，味甜，颜色好。

3. 鱼生长环境

最好的是泉水鱼、清水河鱼、水库鱼，选鱼要挑那些生猛、鱼鳃干净的鱼，一定要是活鱼，死鱼切不可用来做鱼生。

4. 鱼的大小

一般挑重750～1000克的"壮鱼"，鲜美嫩滑，恰到好处。

5. 活养

鱼买回来，先放在山泉水饿养"瘦身"几天，消耗体内脂肪，经此做出来的鱼生肉实甘爽。

6. 食法

根据个人喜好挑好配料，加油、盐和冰好的鱼生一起在碗里拌一拌，立马将鱼生佐料调料一口吃进嘴里。

7.鱼生之外

鱼皮加工好后要给客人上,鱼头、鱼尾和鱼骨煲粥或滚汤。骨腩油炸做椒盐或焖,鱼肠焗蛋。

图 3-1

【实践案例2】凉拌木耳

食材天地

木耳:是一种营养丰富的食用菌,又是传统的保健食品。它的别名很多,因生长于腐木之上,其形似人的耳朵,故名木耳。是食品阿司匹林,人体的清道夫,天然补血品,减肥防癌治便秘,可炒、可拌、可汤、可菜。

成品要求

脆嫩清爽、清香鲜醇。

工艺流程

选料→涨发→清洗→切片→焯水→调味拌匀→装盘上桌。

烹调原料

1.主料:发好木耳500克。

2.辅料:青红椒片10克、蒜泥7.5克、芫荽10克。

3.调料:糖5克、味粉3克、鲜露3克、美极鲜3克、浓鸡汁2克、陈醋5克、辣椒油5克、麻油7.5克。

制作程序

1.发好的木耳洗净,改成4×3厘米片。芫荽切段。

2.木耳焯水,滤干水分。

3.把调料和辅料调匀,浇在木耳上拌匀即成。

温馨提示

1.木耳要用清水浸发。

2. 洗木耳可用生粉搓洗。

3. 拌好的木耳用低温保鲜。

4. 木耳色黑加适量的青红椒片更显美观。

5. 不宜用鲜木耳做菜,吃后易引起皮肤过敏。

6. 刀工处理整齐美观,注意调色,以料助香,调味合理,注意卫生。

图 3-2

【举一反三】

客家鱼生、潮汕鱼生、三文鱼刺身、捞起爽鱼皮;锦绣海蜇丝;木耳拌芹菜、捞起腐竹、木耳拌莲藕、凉拌土豆丝、凉拌苦瓜、凉拌海带丝、凉拌金针菇、凉拌菠菜、凉拌心里美萝卜丝、凉拌鱼腥草、凉拌藕片、凉拌韭黄、凉拌贡菜、凉拌莴笋、红油猪耳朵、凉拌肚丝、凉拌松花蛋、凉拌青豆角。

【拓展实践】

分组操作:每组制作鱼生一款,每个学生凉拌一款菜式

【评价标准】

评价项目	考核要点	分值
评价标准	色	20
	香	20
	味	30
	形	20
	卫生	10
总分		

【作业与思考】

一、判断题:

( )1. 人的舌头及舌面的味蕾构成了化学味的感官器。

（　　）2. 物理味觉的感觉包括质感和温感两大方面。

（　　）3. 咸味是单一味中唯一能独立用于成品菜的味。

（　　）4. 在烹调中，酸味须与甜味混合才能形成可口的美味。

（　　）5. 菜肴的香味是最先激发人食欲的因素，它对菜肴的作用体现在前期。

（　　）6. 菜肴的香气是令人产生食欲的第一要素。

（　　）7. 按调味工艺分，调味分为一次性调味和多次性调味两种方法。

（　　）8. 腌虾仁的配方是鲜虾肉 500 克，精盐 5 克，味精 6 克，淀粉 6 克，蛋清 20 克，食粉 1.5 克。

二、选择题：

1. 在烹调中，辣味有很多作用，但是不具备（　　）的作用。

A. 减弱咸味　　　　　　　　　　B. 对腥、臊、膻等异味的抑制

C. 刺激胃肠的蠕动　　　　　　　D. 增强食欲，帮助消化

2. 根据复合味的概念，糖醋排骨的味型属于（　　）。

A. 复合味　　　　　B. 双合味　　　　　C. 三合味　　　　　D. 多合味

3. 关于菜肴香味的说法错误的是（　　）。

A. 有些香来自药材，能使菜肴具有一定的药性和抗菌性

B. 香味是令人产生食欲的第一因素

C. 香味是菜肴是否新鲜的标志

D. 香味影响着整个进食的过程

模块二　瓦锅、镬仔系列菜

【烹调技法】

煲烹调法。

【学习目标】

1. 通过课堂上任课教师的讲授，理解掌握"煲"的基础理论知识。

2. 演示菜肴的制作方法，强化学生专业基础和技能。

3. 通过学习和实践进一步掌握猪肚包鸡制作原料选择、加工程序、食法等技术要求。

【技法介绍】

煲：是指煲汤，将原料和清水放进瓦汤煲内，用中慢火长时间加热，经调味制成汤水香浓、味道鲜美、汤料软滑的汤菜的方法。

煲可分为清煲和浓煲。清煲：适用于夏秋两季，清汤清润，味鲜而不腻。浓煲：适用于冬春两季，汤香而味浓郁。

【技法特点】

汤水香浓、味道鲜美、汤料软滑。

【实践案例1】凤凰投胎（猪肚包鸡）

"猪肚鸡"为广东本地客家名菜之一,流行于广东的惠州、河源、梅州等粤东一带。"猪肚鸡"主要有两种吃法:一种是猪肚"包"鸡,把整只鸡藏在猪肚之内,服务生给食客看完了完整的猪肚之后,就把砂锅端回厨房再加工。再上桌时,猪肚切片,鸡肉成块,都是早已煲熟的东西,放入汤中滚上两滚,就可以开吃了。另一种是猪肚"煲"鸡。就是直接切条的鸡肉和猪肚,放在一起煲透,二者凑到一起调出的那锅老汤,味道很鲜,带有浓郁的胡椒味道,老幼咸宜。

食材天地

1. 猪肚:猪肚为猪的胃。猪肚含有蛋白质、脂肪、碳水化合物、维生素及钙、磷、铁等,具有补虚损、健脾胃的功效,适于气血虚损、身体瘦弱者食用。

2. 鸡肉:蛋白质的含量较高,氨基酸种类多,有增强体力、强壮身体的作用。鸡肉含有对人体生长发育有重要作用的磷脂类。鸡肉有温中益气、补虚填精、健脾胃、活血脉、强筋骨的功效。

3. 胡椒:有温中下气、和胃、止呕功效。

成品要求

猪肚脆口,鸡皮滑,鸡肉嫩,味鲜中带微辣,香味浓郁。

工艺流程

选料→初步加工→汤底加工→腌制→造型→煲制→切斩→加热→调味→成品。

烹调原料

1. 主料:土鸡750克,猪肚750克,猪骨500克。

2. 配料:黄芪(北芪)3克、玉竹3克、党参5克、沙参3克、红枣5枚、枸杞子10粒、白果10粒、白胡椒30克、生姜两片、当归小片、砂姜3克、陈皮3克。

3. 调味料:料酒、鸡汁、盐各适量。

制作程序

1. 先将配料黄芪(北芪)3克、玉竹3克、党参5克、沙参3克、红枣5枚、枸杞10粒、白果10粒、白胡椒30克、生姜两片、当归小片、砂姜3克、陈皮3克、猪骨500克洗净,焯水,放入汤煲中加水约6000克,用小火煲2个小时后待用。

2. 土鸡宰杀:去除内脏,冲洗干净,加粗盐擦匀腌制,用花生油和面粉洗净猪肚,放入开水中焯一下,刮洗干净。

3. 把腌制鲜鸡洗干净,焯水,把汤渣塞入鸡肚,再把鸡塞入猪肚用竹签封口。

4. 将包好的猪肚鸡放入已煲好的汤中,用小火煲1个小时。

5. 将煲好的猪肚鸡捞出放凉,再将猪肚和鸡切成平时食用的块状,用锅装原汤调味,放入切好的猪肚和鸡肉,文火煲开原锅上桌。

温馨提示

煲汤：

从季节分：夏秋清补滋润,鲜而不腻;冬春滋补浓郁、质稠。

从口味分：咸鲜、甜、酸辣、酸甜、苦甘等。

从原料分：禽畜类、水产类、蛋类、蔬菜类、干果类、水果类、食用菌类、粮食、中药材等。

从时间分：煲三炖四滚一滚。

煲汤常用老姜:祛异增香;陈皮:提气祛痰、除家禽膻味;瘦肉(猪骨):滋润、提味;章鱼(江瑶柱、虾米等海味):调鲜;蜜枣(党参、无花果等):调甜味;黄酒:祛腥增香;火腿:增香。

红枣去核,果皮刮内白。

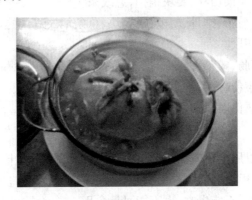

图 3 - 3

【实践案例2】粉肠咸菜煲猪肚

粉肠胡椒咸菜煲猪肚就是一款能散寒、开胃,增进食欲的半汤半菜。

汤里还加了潮州咸菜,咸酸可口,是一道传统的潮汕风味菜。

食材天地

1. 白果又称银杏果,在宋代被列为皇家贡品,供宫廷食用;明代用果实炮制成中成药,实用于临床;白果具敛肺气、定喘嗽、止带浊、缩小便、延缓衰老、美容养颜、预防心脑血管疾病、消炎杀菌之功效。

2. 潮州咸菜:观之颜色金黄,赏心悦目;闻之清香扑鼻,神清气爽;生、熟吃均可,也是具有独特风味的调味佳品。

3. 猪粉肠是横结肠的一部分,用来吸收营养的,吃起来比其他的小肠脆口,含的营养物质也多一些。具有补虚损、润肠胃、丰肌体的功效。

成品要求

半汤半菜,味道浓郁,温中暖胃,散寒止痛,咸酸可口,白果粉糯。

工艺流程

原料初加工→焯水→煲制→改刀→煮制→调味→成品。

烹调原料

主料:猪肚 1 个、潮州咸菜 100 克、粉肠 150 克。

辅料:排骨 200 克,白果 20 克,白胡椒粒 20 克,姜、葱、香芹各适量。

调料:绍酒、鱼露、香油、胡椒粉、生粉、花生油

制作程序

1. 翻转猪肚除去脂肪,用淀粉(生粉、花生油)擦揉搓,清水冲洗,焯水,捞起用刀刮去肚顶残留的白色胎膜,用冷水清洗干净;粉肠除掉多余的脂肪和肠膏,冲洗干净,焯水捞起。

2. 排骨斩块焯水捞出冲洗干净,白果煮熟去壳、除衣,胡椒粒拍碎,咸菜切片加盐腌 10 分钟后撇去多余的咸味,芹菜切粒,姜块稍拍,葱改条。

3. 把加工好的猪肚、粉肠、排骨、胡椒粒、姜块、葱条加入适量的水煲至猪肚、粉肠七成熟后捞出,猪肚切件、粉肠切段。

4. 将切好的猪肚、粉肠、咸菜、白果等投入镀仔或瓦锅,加入适量煲猪肚粉肠的原汤加热至沸,调味,最后加入胡椒粉、芹菜粒、香油。

5. 用酒精炉镀架加热保温原锅上桌。

温馨提示

1. 猪肚初加工时可以用生粉或面粉、食粉、醋、生油搓揉去异味。

2. 咸菜的咸味去除:用盐腌后容易引出咸味,咸菜能保持爽口。

3. 银杏有一定的毒性,不能生吃,也不能过量食用。

4. 猪粉肠购买时选择肠膏是粉白色的,如果是黄色肠膏会带苦味。粉肠胆固醇含量高,高血脂等心血管疾病患者忌食。

图 3 - 4

【举一反三】

腐竹白果胡椒猪肚、胡椒根煲猪肚、凉瓜黄豆排骨汤、雪梨苹果煲排骨、北芪淮山乌鸡汤、川贝枇杷煲鳄鱼肉、莲子薏米煲猪肚、眉豆粉葛煲鲮鱼、灯心草茅根煲猪小肚、绿豆薏米煲老鸭、土茯苓煲草龟、花生眉豆煲猪尾、绿豆连藕煲猪蹄、虫草花雪梨煲水鸭、五指毛桃煲鸡。

【拓展知识】

就煲粥思考与讨论以下问题：

1. 煲粥用什么米好？

2. 煲粥米和水的比例多少为好？

3. 广东人煲有味粥底应加什么原料煲？

4. 怎样煲大锅粥才不会煳（粘锅）？

【拓展实践】

分组抽签，根据所列品种，各组选一款操练。

【评价标准】

评价项目	考核要点	分值
评价标准	原料与汤水比例	20
	汤水芳香、滋润而味鲜	20
	色调	20
	调味	30
	卫生	10
总分		

【作业与思考】

一、判断题：

（　　）1. 烹调法的分类是以烹调技法为基础，以工艺特点为依据的。

（　　）2. 煲汤的调味应放在汤水煲好之后。

（　　）3. 清汤的主料为鲜料。

二、选择题：

1. 以下关于煲这种烹调技法的功能与作用的叙述，不正确的是（　　　　）。

A. 被煲的原料滋味能大量溶于水中

B. 煲可以烹制出芳香的煲仔菜

C. 煲的原料也能变得软糯、松散

D. 性质、滋味各异的原料同煲，以水为媒介，能相互融会渗透

2. 烹调法研究的重点是（　　　　）。

A. 火候、味型和菜品的属性 　　　　　　　　B. 火力、味型和菜品的属性

C. 工艺程序、工艺方法和操作要领 　　　　　D. 功能、作用和技术要领

3. 关于熬这种烹调法的描述，不正确的是（　　　　）。

A. 分清熬与浓熬两种熬法

B. 熬汤应沸水下原料，以免黏锅

C. 粤菜的高级清汤分上汤和顶汤两种

D. 清汤的质量标准是：汤清色浅黄，味道鲜美，香气馥郁，没有杂质，没有肉味，极少浮油

4.煲汤一年四季均适合食用,夏秋季节的汤水适宜( )。

A.清润、香浓   B.鲜美、质稍稠   C.香浓、不腻   D.鲜而不腻、清润

模块三 豉汁、铜盆系列菜

【烹调技法】

蒸烹调法

【学习目标】

1.了解上杂岗的主要职责。

2.通过学习和实践进一步掌握蒸制菜式的加工、调味、蒸制火候和成熟度的判断方法。

3.掌握水产品、家禽、家畜肉类、蛋类菜式蒸制要领。

【技法介绍】

蒸:指经调味后的菜肴原料,放于碟中,利用蒸汽加热至熟的一种方法。

蒸的分类:

1.平蒸法:原料平铺于碟上蒸制的方法。

2.裹蒸法:用外皮包裹原料,然后蒸熟成菜的方法。

3.扣蒸法:把原料摆砌在扣碗内蒸熟,然后覆盖于碟中,原汁勾芡淋回菜上的方法。

4.排蒸法:把两种或两种以上的碎件原料整齐而有规律地摆砌在碟上蒸熟成菜的方法。

【技法特点】

菜肴柔软鲜嫩,原汁原味,保持原料的形态,营养损失较少。

【实践案例1】豉汁蒸白鳝

鳗鱼在全世界有18种,它们在地球上都存活了几千万年,但我们对它们的了解也只不过是在最近的几十年。在我国黄河、长江、闽江、韩江及珠江等流域,海南岛、台湾和东北等地均有分布。

食材天地

白鳝:又称风鳝、鳗鱼、鳗鲡、青鳝、河鳗,平时生活于淡水中,产卵时进入深海。鳗鲡肉质细嫩,味道鲜美,刺少,肉中富含脂肪和蛋白质,营养价值高,为优质食用鱼类。

成品要求

豉味香浓、鳝肉爽口滑脆、味道甘香鲜爽。

工艺流程

原料初步加工→细加工→腌制→摆碟→蒸制→调味→成品。

烹调原料

主料:白鳝一条(750克)。

料头:蒜蓉10克、椒粒10克、葱花5克。

调料:豉汁50克、盐3克、糖5克、味精6克、蚝油5克、生抽5克、老抽3克、生粉7克、花生油25克、胡椒粉2克等。

制作程序

1. 白鳝宰杀:放血、烫潺、除去内脏、切片,冲洗干净,吸干水分。

2. 调味:蒜茸、椒粒、豉汁、盐、糖、味精、蚝油、生抽、老抽、生粉、胡椒粉,调匀后加白鳝拌味。

3. 装盆后把调料撒在白鳝上,淋上生油,上笼蒸熟,撒上葱花。

温馨提示

1. 蒸水产品、百花馅等用猛火蒸能使成品色鲜艳、质嫩滑,使百花馅爽滑而有弹性,用中火或文火,成品煤木,不爽滑。

2. 整件原料适当托起、架空,以便蒸汽流通,成熟均匀。

3. 原料下碟要铺平,不要堆起。

4. 必须在水沸后才上蒸笼,中途不可加冷水。

5. 中途不可歇火、随便打开笼盖。

6. 一般上层温度高于下层,需汁少的品种应放上层。

7. 加葱的菜式要肉熟后下。

8. 白鳝烫去表皮的潺,其泥味重。

9. 泥味重的水产品一般不加姜,去腥可以加果皮、辣椒、炸蒜子。

10. 蒸制水产品要灵活把握好蒸的时间,过熟也不嫩滑,注意笼盖,漏气汁水会大。

图3-5

【举一反三】

豉汁蒸鲈鱼、豉汁蒸青口、豉汁蒸带子、豉汁蒸排骨、豉汁蒸塘鲺、豉汁蒸鱼头、豉汁蒸鱼腩、豉汁蒸蛏子、豉汁蒸贵妃蚌、豉汁蒸鸭嘴鱼。

【实践案例2】铜盆蒸土鸡

铜盆蒸土鸡是一道纯正客家自然风味菜,它选用优质家养走地鸡,农家姜、红葱头、花生油等配料,用铜盆蒸6~7分钟制作而成,同时,它又是一道健康、自然的绿色菜肴。

食材天地

1. 土鸡:即本地鸡,有的叫草鸡、柴鸡。由于品种间相互杂交,因而鸡的羽毛色泽有"黑、红、黄、白、麻"等,脚的皮肤也有黄色、黑色、灰白色等,就广东而言,三黄鸡、杏花鸡、麻鸡均是较好的品种。

2. 干葱头:大小有点像蒜头,紫色,结构像洋葱,是粤菜厨师经常用于肉料的腌制原料。

成品要求

清爽、鲜嫩、香滑可口,色鲜金黄,皮脆肉滑、鸡味浓。

工艺流程

原料选择→宰杀→斩件→调味→蒸制→成品。

烹调原料

主料:土鸡一只750克。

配料:干葱50克、红枣4枚、水发香菇30克、陈皮、姜片、葱段各适量、碎胡椒5克。

调料:精盐6克、鸡精粉10克、生抽6克、糖5克、米酒5克、生粉20克、生油适量。

制作程序

1. 土鸡宰杀洗净后沥干水分,斩5×3厘米的鸡块。

2. 干葱去衣切片加适量油炸香,葱油留下。红枣去核切片,水发香菇煨制后切件,陈皮切末。

3. 把鸡块、炸香的葱片、红枣片、香菇片、姜片、陈皮末、碎胡椒加上盐、糖、鸡精、生抽、米酒、生粉捞匀后,淋上葱油稍拌,摆放在铜盆里,上蒸笼蒸约10分钟,放葱段再蒸半分钟即成。

温馨提示

1. 鸡件不要斩得块太大,否则难熟。

2. 用料要新鲜,鸡要选用走地土鸡。

3. 淋葱油可以突出葱香味。

4. 蒸制时注意控制好汁水,不宜过大。

5. 蒸制菜式葱要菜熟后下。

图 3 - 6

【举一反三】

铜盆水鱼蒸鸡、铜盆金针云耳蒸土鸡、铜盆海鲜蒸鸡、铜盆菜心鸡杂、香辣铜盆虾、铜盆金汤花甲、铜盆紫苏焖鸭。

【拓展知识】

1. 豉汁配方:豉蓉 300 克;原粒豆豉 200 克;蒜蓉生熟各 75 克;干葱 75 克(炸香);陈皮末 20 克;蚝油 50 克;味粉 30 克;糖 50 克;生抽 20 克;老抽 10 克;鸡精粉 25 克

2. 蒸鱼酱油:生抽王 1000 克、美极鲜酱油 200 克、老抽 50g、味精 100 克、鸡精 50 克、鲜露 30 克、冰糖 100 克、鲮鱼骨 500 克、葱头尾 200 克、芫荽头 100 克、红尖椒 2 只、香叶 5 片、冬菇柄 100 克、压碎白胡椒粒 15 克、罗汉果半只、清水 2500 克

3. 蒜耳蒸料:蒜耳 500 克,用 250 克蒜耳飞水炸至金黄色,加入精盐 6 克、鸡粉 5 克和另 250 克生蒜耳拌匀即可。

4. 蒸蛋用慢火可使成品表面平滑、色泽鲜艳、口感嫩滑,若用火过猛,成品易呈海绵状、口感粗糙。加几滴米醋和蛋打匀,可除蛋腥味,加快蛋的凝固。

5. 蒸家禽、家畜肉菜式,用中火蒸,能使成品口感嫩滑、色泽明快、味道鲜美;若用猛火,则肉质收缩、泻油,用慢火,则色泽暗淡。

6. 成熟度的判断:汁清、脱底、微收缩、有光泽为成熟。

【拓展实践】

分组抽签:各组操练水产类、禽畜肉和蛋类蒸制菜式各一款。

【评价标准】

评价项目	考核要点	分值
评价标准	刀工	20
	火候	20
	色调	20
	味道	20
	卫生	20
	总分	

【作业与思考】

一、判断题:

(　　)1. 按菜式的属性分,扣蒸法可分为生扣法和熟扣法。

(　　)2. 蒸分平蒸法、裹蒸法、扣蒸法、粉蒸法。

二、选择题:

1. 蒸鲈鱼应该使用(　　)火。

A. 猛　　　　　　　　B. 中　　　　　　　　C. 文　　　　　　　　D. 先猛后中

2. 排蒸法与扣蒸法有相同之处,它们的相同点是(   )。

A. 成菜都是热菜

B. 都要求以动物原料做主料、植物原料做副料

C. 原料都要摆砌,造型整齐、美观

D. 火候基本相同

3. 涨发瑶柱用(   )法。

A. 浸　　B. 蒸　　C. 浸焗　　D. 焗

模块四　功夫汤、清炖系列菜

【烹调技法】

炖烹调法

【学习目标】

1. 通过课堂上教师的讲授,理解掌握"炖"的基础理论知识。

2. 演示炖品的制作方法,强化学生专业基础和技能。

3. 通过学习和实践进一步掌握原料选择、加工程序、制作步骤等技术要求。

4. 掌握炖品的料头、加工工艺、调味、器皿配搭和制作方法。

【技法介绍】

炖:就是把炖盅装上肉和药材,加入汤或水,加盖,用蒸汽长时间加温,靠沸水的热力把炖盅里的食材逼出味道来。

炖可分为:

1. 原炖法:一个炖品的各种原料合于一盅炖制的方法称为原炖法,也可叫原盅炖。

2. 分炖法:一个炖品的原料分为几盅炖制,炖好后再合成一盅的方法。

【技法特点】

汤液清澈香浓,味醇厚,物料软烩,具补肾强精、补气血、滋阴润燥、滋补养生的功效。

【实践案例1】功夫汤(虫草花炖鸽子)

功夫汤又称华氏功夫汤,是用一种特殊的酿药工艺,精心挑选七仙草、金龟、金蚕蛹等三十七味珍贵药材,经过筛选、浸泡、煅切、秘制总共二十八道工序后,放入炼丹炉,在炉里煎熬,炼制后,再经澄清、灭菌、提纯方才入药,精制成的汤药。

"功夫汤"用紫砂壶熬制数小时,汤中不乏名贵食材,充分吸收顶汤的鲜味,紫砂壶特有的香味加上汤品的鲜味,味道十足,鲜味非凡。此汤不但清甜可口,而且也有滋补强身之功效。

食材天地

1. 虫草花:不是虫草的花,它是人工培养的虫草子实体,虫草花外观上最大的特点是没

有了"虫体",而只有橙色或者黄色的"草",而功效则和虫草差不多,均有滋肺补肾、护肝、抗氧化、防衰老、抗菌、抗炎、镇静、降血压、提高机体免疫能力等作用。

2. 鸽子:又名白凤,亦称家鸽,为鸟属、鸠鸽科孵卵纲脊椎动物。鸽子的祖先是野生原鸽。鸽子的营养价值极高,既是名贵的美味佳肴,又是高级滋补佳品。

成品要求

汤清、味鲜、香醇、本味突出,原料质地软熰、形状完整、熰而不烂,融集各种原料的精华,有滋补效果。

工艺流程

切配原料→原料热处理→调汤水→炖制→汤水过滤→封砂纸→回热→成品。

烹调原料

主料:鸽子350克、虫草花20克。

配料:陈皮小块、党参5克、红枣5枚、淮山两片、枸杞子10粒、桂圆5克。

料头:瘦肉粒50克、火腿粒10克、姜小块、葱条两条。

调料:绍酒、鸡精、胡椒粉、盐各适量。

制作程序

1. 鸽子宰杀加工,斩块,各种配料清洗干净。

2. 把鸽件和所有配料及料头焯水,冲洗干净。

3. 取紫砂壶把焯水的鸽件、虫草花、配料和料头一起放入,加入汤水,加盖。

4. 隔水炖4小时,取出姜葱(调味),封肉扣纸,蒸热与功夫杯一起上桌。

图 3-7

【举一反三】

西洋参海底椰炖乌鸡、巴戟杞子炖羊肉、花旗参红枣炖水鱼、巴戟杜仲北芪炖海狗肾、椰子鲍鱼炖老鸡、龟鹿大补汤、蝎子神功汤、东宫太子汤、巴戟海马炖双鞭、人参蛤蚧炖老龟、人参田七炖菜山鸡、清宫炖水鱼、天麻北芪炖牛展、高丽参阿胶炖水鱼、冬虫草圆肉炖斑鸠、何首乌杞子炖乌鸡、北芪党参炖梅花鹿肉、龙凤蝎子汤、田七洋参炖老鸽、灵芝花菇炖老鸡、锁阳肉苁蓉炖鹿尾巴。

【实践案例2】原盅椰子炖乌鸡

食材天地

1. 椰子壳硬,肉多汁,果鲜,原产东南亚地区。椰子是典型的热带水果,椰汁清如水、甜如蜜,饮之甘甜可口;果肉具有补虚强壮、益气祛风、消疳杀虫的功效,久食能令人面部润泽,椰水具有滋补、清暑解渴的功效。

2. 乌鸡又称竹丝鸡、乌骨鸡;乌鸡是补虚劳、养身体的上好佳品。具有滋阴清热、补肝益肾、健脾止泻等作用。食用乌鸡,可提高生理机能、延缓衰老、强筋健骨,对防治骨质疏松、佝偻病、妇女缺铁性贫血症等有明显功效。

成品要求

清甜可口,味道香浓,补血养颜、健体润肤。

工艺流程

切配原料→原料热处理→调汤水→炖制→原盅上桌。

烹调原料

主料:乌骨鸡75克、椰子1只。

辅料:红枣3枚、枸杞子5粒、陈皮小块。

料头:瘦肉30克、火腿10克、姜1片、葱1条。

调料:绍酒10克、盐、胡椒粉各适量。

制作程序

1. 乌骨鸡宰杀,整理干净,斩件,加入绍酒10克焯水,冲洗干净。

2. 椰子去除干净外皮,1/3处锯开口子,倒出椰水保存。

3. 瘦肉切粒、火腿切粒焯水捞出。姜切厚片,葱改条洗净。红枣去核和枸杞子、陈皮焯水。

4. 把焯过水的乌骨鸡、瘦肉粒、火腿粒、红枣、枸杞子、陈皮以及姜片、葱条放进椰子盅内,加入椰子水,加盖上笼炖4个小时。

5. 椰盅开盖捞出姜片、葱条,加盐、胡椒粉调味,回热原盅上桌。

温馨提示

1. 肉料炖前须焯水去净血污和异味。

2. 中途不宜停火、加冷水。

3. 注意火腿的咸味,调味只加少量的盐,不须加味精之类的调味品,更不能加糖调味。

4. 汤水量和汤料成品比例3:1。

5. 炖制应加盖以防串味。

6. 根据成品要求灵活掌握火候。

7. 饮汤前撇去浮油。

图 3-8

【举一反三】

　　水晶鸡、隔水蒸鸡、海马清炖鸡、花雕清炖鸡、米酒鸡、娘酒鸡、人参红枣炖土鸡、花旗参炖乌骨鸡、党参红枣炖乌鸡、天麻黄芪炖乌鸡、木耳淮山炖乌鸡、当归红枣炖乌鸡。

【拓展知识】

瓦罐煨汤：

　　俗话说"吃肉不如喝汤"，中国人自古就有喝汤的习惯。民间瓦罐煨汤，采用多种名贵药材，科学配方，精配食物，加以天然矿泉水为原料，置于一米方圆的巨型大瓦罐内，再以优质木炭恒温煮达多个小时，汤水鲜香醇浓。瓦罐之妙，在于土质陶器秉阴阳之性，久煨之下原料鲜味及营养成分充分溶解于汤中，汤汁稠浓，醇香诱人，风味独特，食补性强。该汤充分吸收中药材的药理成分，更有消除疲劳、补肾强身、益智健体、延年益寿的作用，达到了食补的最高境界。

【拓展实践】

　　分组抽签：根据所列品种系列，各组选一款练习。

【评价标准】

评价项目	考核要点	分值
评价标准	原料与汤水比例	20
	汤水芳香、滋润而味鲜	20
	色调	20
	调味	30
	卫生	10
总分		

【作业与思考】

根据炖品的工艺流程,写出"五指毛桃炖土鸡"制作的全过程(包括原料、制作方法、菜肴特点)。

模块五 扣肉、笼仔系列菜

【烹调技法】

扣烹调法

【学习目标】

1. 通过课堂上教师的讲授,理解掌握"扣"的基础理论知识。

2. 演示菜肴的制作方法,强化学生专业基础和技能。

3. 通过学习和实践进一步掌握扣制菜式原料选择、加工程序、制作方法和操作技巧等。

【技法介绍】

扣:将两种以上经切改处理后的动、植物生料或半成品,调味腌制,用手工排夹砌型在扣碗内,入笼蒸熟,然后覆盖在碟中或锅内,以原汁打芡或淋汤的方法。扣可分为白扣和红扣。白扣:制作过程中,原料本身不用着色或调色的均属于白扣。红扣:制作过程中,原料需要着色或调色的均属于红扣。

【技法特点】

用料广泛;造型细致、整齐;色彩悦目;形态美观;成品软滑,香气、味道浓郁。

【实践案例1】火腩扣粉葛

食材天地

1. 火腩:是猪腰部分的肉,有些人叫三层肉,经过腌、烧烤就成为烧肉,即是火腩。

2. 粉葛:生于山坡、路边草丛中及较阴湿的地方。分布于广东、广西、四川、云南等地。块根含淀粉,供食用,所提取的淀粉称葛粉。有解肌退热、发表透诊、生津止渴、升阳止泻的功效。

3. 小棠菜:又叫上海青,是上海一带的华东地区最常见的小白菜品种。

成品要求

色金红,造型美观,肥而不腻,粉葛粉糯无渣。

工艺流程

原料选择→初步加工→切件→调味→拼砌→蒸制→反扣→勾汁→成品。

烹调原料

主料:火腩肉300克、粉葛300克。

辅料:小棠菜200克。

调料:蒜蓉 5 克、南乳小块,五香粉、蚝油、红烧酱、白糖、老抽、绍酒、鸡精等适量。

制作程序

1. 火腩肉切改成长约 8 厘米、厚 0.8 厘米的大件,焯水去除部分火腩的咸味捞出沥干水分。粉葛削皮改成火腩大小的件,放入油镬中炸一炸,沥干油分。小棠菜切去头尾,冲洗干净。

2. 将蒜茸 5 克、南乳小块、五香粉、蚝油、红烧酱、白糖、老抽、绍酒、鸡精调成料汁,加入火腩、粉葛拌匀。

3. 粉葛与腩肉相隔排放入碟内(猪皮向下),剩余汁倒进碟内,隔水蒸约 1.5 个小时,将蒸汁倒出,反扣碟上。

4. 小棠菜焯水,围于扣肉周围,原汁加少许生粉埋芡,淋在扣肉上便成。

温馨提示

1. 调味时用料适当,因为火腩烧制时已用调料腌制。排放在扣碗时要皮朝下,且排放整齐,排好后略压实。

2. 扣制加热时间要掌握好,通常一般加热时间需 90 分钟。

图 3 - 9

【举一反三】

梅菜扣肉、莲蓬扣肉、酸梅扣肉、粉蒸扣肉、笋干扣肉、荔脯扣肉、冬菜扣肉、走油豆豉扣肉、千层扣肉、猪腿扣肉、酸菜扣肉;火腩扣南瓜、火腩扣冬瓜、火腩扣红薯、火腩扣土豆

【实践案例 2】笼仔荷叶粉蒸肉

粉蒸肉(又名面面肉),是哪个地方的菜说法并不统一,有的说是湘菜,有的说是江浙菜。广泛流行于中国南方地区,在川菜、湘菜、浙菜等中都有这一菜式。

食材天地

1. 猪肋条肉(五花肉):具有补肾养血、滋阴润燥的功效;但由于猪肉中胆固醇含量偏高,故肥胖人群及血脂较高者不宜多食。

2. 莲藕:含铁量较高,有大量的维生素 C 和膳食纤维,有明显的补益气血、增强人体免疫力的作用。

3. 花生粉：滋补益寿，营养价值可与动物性食品如鸡蛋、牛奶、瘦肉等媲美。食之可以起到开胃、健脾、润肺、祛痰、清喉、补气等功效。

4. 黄豆粉：增强机体免疫功能，防止血管硬化，通导大便，治缺铁性贫血，降糖、降脂。患有严重肝病、肾病、痛风、消化性溃疡、低碘者应禁食；患疮痘期间不宜吃黄豆及其制品。

成品要求

肥而不腻、酱香突出、咸甜适口、糯而清香。

工艺流程

肉料切件→腌制→豆炒香磨粉→肉蘸豆粉→扣砌→蒸制→成品。

烹调原料

主料：带皮五花肉 500 克。

配料：花生粉 50 克、黄豆粉 75 克、莲藕 300 克、荷叶一张。

调味料：南乳 10 克、米酒 5 克、味精 5 克、五香粉 3 克、白糖 5 克、酱油 5 克、面酱 6 克。

制作程序

1. 改刀：五花肉切片。

2. 腌渍：五花肉内加南乳、米酒、味精、五香粉、白糖、酱油、面酱等调匀。

3. 花生和黄豆炒香磨成粉状。

4. 莲藕刮皮切件，调味。

5. 笼底放上荷叶，摆上莲藕，五花肉蘸上豆粉摆在莲藕面上，蒸 1 个小时即成。

温馨提示

1. 五花肉不要切得太厚、件太小。

2. 肉料腌制调味必须准确。

3. 蒸制时间要灵活掌握，达到糯而清香，酥而爽口。

图 3-10

【举一反三】

笼仔荷叶蒸田鸡、笼仔荷叶蒸水鱼、笼仔荷叶蒸排骨、笼仔荷叶蒸娃娃菜、笼仔腊味蒸虾干、笼仔荷叶蒸滑鸡、笼仔荷叶蒸海鲜、笼仔荷叶蒸鸡子、笼仔荷叶蒸茄子、笼仔荷叶蒸乳鸽、笼仔荷叶蒸豆腐、笼仔荷叶蒸肉丸。

【拓展实践】

分组抽签:每组选择一道扣肉和笼仔荷叶蒸制菜式练习。

【评价标准】

评价项目	考核要点	分值
评价标准	刀工	20
	火候	20
	色调	20
	味道	20
	卫生	20
总分		

【作业与思考】

1.什么叫作"扣"?主要有什么特点?

2.请写出"火腩扣冬瓜"的制作程序。

模块六 明炉、水煮系列菜

【烹调技法】

煮烹调法

【学习目标】

1.通过课堂上教师的讲授理解"煮"的基础理论知识,强化学生的专业基础知识。

2.通过"实践案例"的演示,使学生直观感受菜肴的制作过程和成菜特点,进一步掌握煮类菜式的操作技能。

3.通过理论讲解、菜肴示范、成品展示、菜肴品尝及交流活动,增强学生对本专业的学习兴趣。

【技法介绍】

煮:把原料放在充足的调好味道的汤水中加热的方法。

【技法特点】

汤菜合一、汤宽汁浓、口感清爽湿润、不腻口。

【实践案例1】明炉酸梅鱼

食材天地

乌头鱼又称"新鱼",不食草类,专以小虾、小蟹、小鱼为食,往往生活在蟹洞、海朗头和蚝塘中,最适宜于与其他水产品混合养殖。乌头鱼体形较小且呈圆形,最重不超过半斤,全身只有一条脊骨,肉多骨少,便于食用,而且肉味鲜美。

成品要求

味鲜带酸,咸酸利口,鱼肉鲜嫩,醒胃。

工艺流程

原料选择→鱼宰杀洗净→配料加工→浸鱼→调酸梅汁→浇汁→淋热油→保温→成品。

烹调原料

主料:乌头鱼1条约600克。

配料:潮汕咸酸菜100克,酸梅30克,姜5克,葱5克,青红椒10克,肥猪肉丝50克,酸椒、酸荞头各30克,姜块、葱条、香菜各适量。

调料:鱼露5克、味精5克、糖7克、生抽3克、胡椒粉3克、绍酒6克、麻油5克,盐适量。

制作程序

1. 乌头鱼宰杀洗净。潮汕咸酸菜、姜、葱、青红椒、肥猪肉、酸椒、酸荞头各切丝。

2. 起镬下姜、葱、酒爆香,加上泉水煮沸,调适量的盐,把鱼投入,关火浸约四分钟至捞出放到特制鱼碟上。

3. 起镬煸肥肉丝出香味后,加入酸梅、酸荞头丝、酸椒丝、咸酸菜丝、青红椒丝、姜丝,加糖、鱼露、生抽、味精、麻油调制成料汁,浇到鱼面上,撒上胡椒粉、葱丝。

4. 烧热油,淋到葱丝面上,配上香菜,明炉下边加热保温即成。

温馨提示

图 3-11

【举一反三】

明炉酸梅丁贵鱼、明炉酸菜鱼、明炉香辣鱼、明炉上汤娃娃菜、明炉金菇肥牛、明炉火烤鱼、明炉三鲜大鱼头、明炉秘制鲈鱼、泰汁明炉鱼。

【实践案例2】蚬肉芋仔煮水瓜

食材天地

1. 蚬：又叫扁螺、黄沙蚬、河蚬，是一种软体动物，介壳形状像心脏，有环状纹，生在淡水软泥里，肉可吃，壳可入药。蚬含有蛋白质、多种维生素和钙、磷、铁、硒等人体所需的营养物质。

2. 芋头：原产于印度，我国以珠江流域及台湾省种植最多。具有洁齿防龋、保护牙齿的作用；其丰富的营养价值能增进食欲，帮助消化，故中医认为芋芳可补中益气。芋头为碱性食品，调整人体的酸碱平衡，起到美容养颜、乌黑头发的作用，还可用来防治胃酸过多症。

3. 水瓜：南方叫水瓜，因为以往都种在水边，需要灌溉大量的水。是时令食材，它的味道清甜，有解暑祛热的食效。广东人爱吃水瓜，虽然随着社会的发展，市面上已很难看见水瓜藤，但在各地的酒楼食肆却从来不乏含水瓜的菜式。

成品要求

口味鲜甜饴味，水瓜清淡嫩滑，芋粒粉糯可口。

工艺流程

原料初加工→细加工→初步熟处理→煮制→成品。

烹调原料

主料：蚬肉50克、芋头100克、水瓜400克、椰汁50克。

配料：姜片、蒜片15克、葱花10克。

调料：盐、糖、鸡精、米酒、胡椒粉、花生油各适量。

制作程序

1. 芋头去皮切粒备用。

2. 水瓜刮皮洗净切滚刀块。

3. 沙蚬热水下锅焯开蚬壳，取出蚬肉，去沙，冲洗干净。

4. 开锅下油，爆香姜片、蒜片，加入蚬肉，下芋头翻炒，洒少许米酒，加入适量汤水，中火滚芋头至熟，加入水瓜，以盐、糖、鸡精调味，加椰汁煮沸撒上胡椒粉、葱花便成。

温馨提示

1. 原料在煮前应经过适当的方法处理。

2. 火力运用一般是先猛火，后中文火。

3. 掌握好汤水量，避免料少汤多或料多汤少。

4. 掌握好汤水味道的浓淡。

5. 根据原料特性正确选用加工方法及火候。

6. 一般不勾芡，或只用稀芡。

7. 芋头形不能过大,否则煮的时间会长。

8. 水瓜易熟后下。

9. 蚬肉要煸去腥味。

图 3－12

【举一反三】

萝卜煮海贝、白萝卜煮腊肉、萝卜丝煮海味、萝卜丝煮花甲、番茄煮鲜鲍、腰豆芡实煮海参、浓汤浮皮鱼滑煮水瓜、腰豆芋粒煮海参、客家黄酒煮黄骨鱼、青瓜煮鱼肚。

【拓展知识】

就煮饭作如下思考与讨论:

1. 大镬饭怎么煮?

2. 通常在家煮饭米与水的比例是多少?

3 煮糖水时水与糖的比例是多少?

4. 煮糖水加盐有什么作用?

【拓展实践】

分组抽签:每组练习煮制一款菜肴,一款糖水。

【评价标准】

评价项目	考核要点		分值
评价标准	色:		20
	香:		20
	味:		30
	形:		20
	卫生:		10
总分			

【作业与思考】

一、判断题：

（　　）1. 氨基酸是组成蛋白质的最基本单位。

（　　）2. 水溶性维生素能够在体内储存，而脂溶性维生素不能在体内储存。

（　　）3. 进食被沙门氏菌污染的肉料而发生的食物中毒，属于有毒动物食物中毒。

（　　）4. 食品卫生"五四制"中的"四不"主要是对采购人员和食品销售人员提出的要求。

（　　）5. 饮食卫生"五四制"规定环境卫生要采取"四定"的办法，即定人、定点、定时间、定标准，划片分工，包干负责。

（　　）6. 从事实际工作的烹调师不得留长指甲，不得涂指甲油。加工食品时不得戴手表和戒指。

二、选择题：

1. 蛋白质有许多生理功能，但是（　　）不属于蛋白质的生理功能。

A. 解毒　　　　　　　　　　　　　　B. 免疫

C. 提供热量　　　　　　　　　　　　D. 清除体内的自由基

2. 重体力劳动者每天需要糖类（　　）克。

A. 350～450　　　　B. 400～500　　　　C. 550～600　　　　D. 650～700

3. 以下关于动物性食物中毒的说法，正确的是（　　）。

A. 河豚毒素是神经毒，中毒者有嘴舌发麻、头晕等神经系统症状，死亡率很高

B. 河豚毒素集中在卵巢、鱼肝、血液，肉和皮一般无毒

C. 死了的海鱼、蟹、鲤鱼、鳝鱼、甲鱼因含组氨酸，吃了会发生食物中毒

D. 吃死的蟹和甲鱼发生的食物中毒属于氰化物中毒

4. 进食发芽的马铃薯会发生食物中毒，是因为发芽的马铃薯含有（　　）。

A. 皂素　　　　　　　　　　　　B. 红细胞凝集素（血液凝集素）

C. 秋水仙碱　　　　　　　　　　D. 龙葵素（龙葵碱）

5. 不会导致亚硝酸盐食物中毒的做法是（　　）。

A. 把亚硝酸盐当做食盐食用

B. 食用硝酸盐或亚硝酸盐含量过高的蔬菜和肉制品

C. 食用腌制的咸菜

D. 食用硝酸盐和亚硝酸盐含量高的苦井水煮的饭

6. 会导致亚硝酸盐食物中毒的做法是（　　）。

A. 长期进食过咸的食物或食用变质的含盐菜品

B. 食用食物中的食盐因加热温度过高转化为亚硝酸盐的食物

C. 食用硝酸盐含量过高的蔬菜或肉制品

D. 食用硝酸盐或亚硝酸盐含量过高的蔬菜或肉制品

7. 以下有微毒的是（　　）。

A. 黄花菜　　　　　B. 莲子　　　　　C. 蘑菇　　　　　D. 银杏

8. 以下情况中,( )不是引起油脂变质的原因。

A. 油脂里水分含量高   B. 油脂被阳光照射

C. 油脂与空气长时间接触   D. 植物油脂里含有维生素 E

9. 饮食卫生"五四制"规定个人卫生要做到"四勤",以下全部属于"四勤"的是( )。

A. 勤洗手,勤剪指甲,勤洗换衣服,勤开窗通风

B. 勤洗澡,勤理发,勤运动,勤打扫工作岗位

C. 勤洗衣服和被褥,勤换工作服,勤洗脸,勤洗头

D. 勤洗澡,勤理发,勤剪指甲,勤洗被褥和衣服

模块七   酱爆、干迫系列菜

【烹调技法】

炒烹调法

【学习目标】

1. 通过课堂上教师的讲授理解"炒"的理论知识和制作方法,强化学生专业基础知识。

2. 通过菜肴演示,使学生直观感受菜肴制作过程和成菜特点,进一步掌握炒类菜肴的操作技能。

3. 通过实践操作活动,增强和提高学生对本专业的学习兴趣和操作技能水平。

【技法介绍】

炒:将加工成为细小形状的原料,采用旺火少油快速加热成菜的烹调方法。

炒分为:

泡油炒:主料用泡油方法处理后,再与副料混合炒匀而成菜的方法。

熟炒:将熟肉料与副料混合炒匀而成菜的方法。

生炒:将肉料由生炒熟,并与副料混合炒匀而成菜的方法。

软炒:运用制作技巧,使液体原料成为柔软、嫩滑的定型食品的方法。

清炒:运用煸炒和直接赋味方式将蔬菜净料烹制成菜的方法。

【技法特点】

1. 原料形体较细,菜品一般由主料、副料和料头组成。

2. 适用原料广泛,制作规律性强,火力偏于猛烈,成菜比较快捷。

3. 菜肴镬气浓,口味清、鲜、爽、滑。

【实践案例1】 XO 酱花枝片

食材天地

1. XO 酱:首先出现于 20 世纪 80 年代香港地区一些高级酒家,并于 20 世纪 90 年代开

始普及化。主要成分包括了瑶柱、虾米、金华火腿及辣椒等,味道鲜中带辣。各家餐馆所制作的 XO 酱亦有所不同,当中的配方亦成为了各餐馆的商业秘密。

2. 乌贼又称墨鱼、花枝、金乌贼,海洋软体动物。乌贼分布于世界各大洋,主要生活在热带和温带沿岸浅水中,冬季常迁至较深海域。常见的乌贼在春、夏季繁殖。中国乌贼种类较多,盛产于浙江南部沿海及福建沿海;枪乌贼分布于我国台湾海峡以南海区,汕头外海及北部湾为产卵场所。乌贼不但味感鲜脆爽口,具有较高的营养价值,而且富有药用价值。具有养血、通经、催乳、补脾、益肾、滋阴、调经、止带之功效。

成品要求

肉质鲜爽,咸辣、味鲜香,突出 XO 酱的香浓味,酱色呈红色。

工艺流程

原料初加工→切薄片→初步熟处理→泡油→烹制→出锅→成品

烹调原料

主料:大墨鱼 750 克。

辅料:彩椒 50 克、洋葱 30 克。

料头:姜末、葱粒、蒜蓉。

调料:XO 酱、绍酒、胡椒粉、香油、鸡精粉、盐、糖、油、生粉等各适量。

制作程序

1. 墨鱼背部划刀,将皮、膜切开,取出腹内硬壳,头拉出,把颜色深的皮剥掉,硬边切除,冲洗干净。切 7×3.5×0.1cm 的薄片,姜汁酒稍腌。

2. 彩椒、洋葱切件,起镬加适量油、盐、料酒,把彩椒、洋葱煸变色,倒出沥干水分。

3. 花枝片用加葱、姜、料酒的沸水焯水,泡油,迅速捞出。

4. 起锅热油,下姜末、蒜茸、洋葱、XO 酱爆香,下彩椒片和花枝片翻炒均匀,鸡精粉、胡椒粉调味,勾芡最后加葱粒、香油炒匀出锅。

温馨提示

XO 酱:虾米粒、野山椒粒、火腿茸各 100 克,海鲜酱、湿瑶柱各 50 克,咸鱼粒、红椒粉各 20 克,蒜茸、干葱茸各 100 克,大地鱼末 15 克、虾米 10 克、味精 15 克、鸡粉 20 克、白糖 50 克、食用油 60 克。

图 3-13

【举一反三】

XO 酱爆鲜鱿、XO 酱爆避风塘虾、XO 酱爆蛏子、XO 酱爆象拔蚌、XO 酱蒸百花豆腐、XO 酱烧排骨、XO 酱佐西芹带子、XO 酱蒸丝瓜、XO 酱炸杏鲍菇、XO 酱萝卜糕、XO 酱爆扇贝。

【实践案例 2】 干迫鸡

食材天地

鸡肉:含有对人体生长发育有重要作用的磷脂类物质,是中国人膳食结构中脂肪和磷脂的重要来源之一。中医认为,鸡肉有温中益气、补虚填精、健脾胃、活血脉、强筋骨的功效。鸡肉肉质细嫩、滋味鲜美,适合多种烹调方法。

成品要求

色泽金红,香气浓郁,味道鲜美。

工艺流程

原料选择→斩件→腌制→炸熟处理→干炒调味→成品。

烹调原料

主料:光鸡 750 克。

配料:姜 100 克、葱白段 50 克、干葱 50 克、蒜苗 75 克、发冬菇 150 克、红萝卜 50 克。

调料:盐 5 克、蜂蜜 5 克、头抽 5 克、南乳 5 克、蚝油 5 克、烧烤汁 5 克、五香粉 3 克、鸡粉 5 克、生粉 10 克、米酒 10 克、麻油适量。

制作程序

1. 姜切大姜片,干葱、红萝卜榨汁,蒜苗切段。

2. 冬菇加姜、葱、酒煨制入味后切件。

3. 光鸡斩块,加入干葱汁、红萝卜汁、米酒、蜂蜜、头抽、南乳、蚝油、烧烤汁、五香粉、鸡粉、生粉、麻油等腌渍 2 个小时。

4. 起镬烧油至 160 度时把腌好的鸡块炸至金红色捞出。

5. 镬内留少许余油下姜片、蒜苗爆香后加入炸过的鸡块、葱白段、头抽文火拌炒至干香入味,加适量香油即成。

温馨提示

1. 鸡肉斩块要均匀,成熟度才一致。

2. 鸡屁股是淋巴、细菌、病毒和致癌物的"仓库",应弃掉不要。

3. 鸡肉腌渍是关键,且不能过咸。

4. 炒制过程中火候过大会影响色泽,有汁水会不够干香。

图 3 - 14

【举一反三】

干迫走地鸡、干迫鹅、百鸟会、干迫虾、干迫狗肉、孜然干迫爽耳、干迫羊肉、干迫粉丝煲、干迫豆角肉碎、干迫乳鸽、鲍鱼干迫茶树菇、烧汁干迫牛肋、干迫青头鸭、叉烧干迫茄子、干迫小黄牛、走地鸡干迫水鱼。

【拓展知识】

爆：是用小油锅，旺火热油，原料下锅后快速操作，只颠几下或翻几翻即出锅的烹调方法。采用这种方法烹制的原料，大都是细小无骨的，要求刀工处理要厚薄粗细一致。在烹调之前，还必须将调味品准备好，预先制成调味汁，以加快操作，并使咸淡均匀，色泽美观。用此法烹调出的菜款具有光色美观、脆嫩爽口的特点。

【拓展实践】

分组抽签：每组自由选择，操作一道 XO 酱菜式和一款干迫菜

【评价标准】

评价项目	考核要点		分值
评价标准	色：		20
	香：		20
	味：		30
	形：		20
	卫生：		10
总分			

【作业与思考】

一、选择题：

1.以下说法错误的是(　　　　)。

A. 煎的原料形状以扁平为好

B. 炒的技法常用于小型原料

C. 煎的原料下锅前要尽量抹干表面水分

D. 由于炒的技法用猛火,为免烧焦,炒制过程中应加入适量的清水

2. 烹调法研究的重点是(　　)。

A. 火候、味型和菜品的属性　　　　　　　B. 火力、味型和菜品的属性

C. 工艺程序、工艺方法和操作要领　　　　D. 功能、作用和技术要领

模块八　泉水、上汤系列菜

【烹调技法】

泡烹调法

【学习目标】

1. 使学生了解"泡"的理论知识,教师演示菜肴的制作方法,强化学生专业基础知识。

2. 通过菜肴演示,使学生直观感受菜肴的制作过程和成菜特点。

3. 通过理论讲解、菜肴示范、菜肴品尝及实践活动,增强学生对本专业的学习兴趣。

【技法介绍】

泡:是一种单纯使用肉料和料头,加热调味而成菜的烹调方法。

泡分为油泡法和汤泡法。油泡法:将肉料泡油,加入料头,调味勾芡急促翻炒成菜的一种方法。汤泡法:将肉料焯水或浸熟,放入有料头垫底的锅中,烧上汤调味淋上成菜的方法。

【技法特点】

1. 油泡法:清鲜,爽滑,芳香,色泽鲜艳,形态美

2. 汤泡法:汤清鲜,肉爽滑,刀工精细、美观。

【实践案例1】泉水丁贵鱼

食材天地

丁贵鱼:原产于欧洲,丁贵鱼是一种名贵鱼种,是我国长江流域特有的鱼种,共有黄、绿、蓝、白等多种表现色,在营养价值上具有肉质鲜美、蛋白质含量高的特点,尤其富含脑黄金,被誉为绿色保健食品而畅销世界,属淡水鱼。

成品要求

味鲜无腥味,肉质细嫩、味道鲜美,口感嫩滑,色泽鲜艳。

工艺流程

原料选择→宰杀→烧汤水→浸泡→撒配料→淋热油→调味→成品。

烹调原料

主料:丁贵鱼 750 克。

配料:姜丝 20 克、葱丝 20 克、红椒丝 5 克、山泉水 3000 克。

调料:海鲜豉油 50 克、花生油 30 克、胡椒粉 3 克、盐 50 克。

制作程序

1. 丁贵鱼拍晕、放血、打鳞、去鳃、取内脏、冲洗干净。

2. 烧开锅中的泉水,加适量盐,将鱼放入,熄火浸约 5 分钟,鱼熟时取出。

3. 撒上葱姜丝、红椒丝和胡椒粉,起炒锅烧热油淋在鱼和葱姜丝上,浇上海鲜豉油即成。

温馨提示

1. 鱼胆有毒不能吃,鱼鳞去除干净。

2. 鱼要新鲜,浸时水温不能过高,达到 90℃ 就可以。

3. 水量不可太少,必须浸过鱼面。

4. 鱼捞出时注意完整。

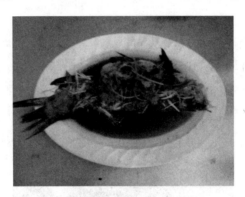

图 3－15

【举一反三】

　　泉水菜苗 、泉水竹笙肉丸、泉水菜心、泉水竹笙鱼肚、泉水酸椒黄骨鱼、山泉水多宝鱼、泉水金枪鱼、白云泉水东星斑、泉水杂菌双丸、泉水杂菌咸鸡、泉水酸汤肥牛、泉水豆角。

【实践案例 2】双蛋上汤豆苗

食材天地

　　豆苗:俗称豌豆藤,是豌豆的嫩茎和嫩叶,含有极丰富的钙质、B 族维生素、维生素 C 和胡萝卜素,豆苗性清凉,是燥热季节的清凉食品,对清除体内积热也有一定的功效,有利尿、止泻、消肿、止痛和助消化等作用。

成品要求

　　色鲜、味美,口味清淡,香气十足。

工艺流程

原料初加工→配料初加工→豆苗加味灼熟→双蛋上汤调味→淋面上→成品。

烹调原料

主料:豆苗 500 克

配料:皮蛋 10 克、咸蛋 10 克、草菇片 5 克、姜片 3 克、蒜片 3 克、金笋花 4 片、上汤 200 克

调料:盐 15 克、鸡精粉 5 克、胡椒粉 3 克、麻油 2 克、料酒 6 克、植脂淡奶 7.5 克

制作程序

1. 咸蛋、皮蛋煮熟去壳切小片,草菇焯水切片,蒜切片炸至金黄色,金笋花焯水备用。

2. 豆苗洗净,沥干水分待用。

3. 起锅下油,加盐、水烧沸后加入洗净的豆苗灼至仅熟捞出沥干水分,装到鲍鱼碟内。

4. 重起锅滑油,加入姜片、皮蛋、咸蛋、料酒爆香,加入上汤、草菇片、金笋花、炸蒜片,煮沸,盐、鸡精粉调味,加入植脂淡奶调色,最后加入胡椒粉、香油。

5. 把煮好的双蛋上汤淋在豆苗上即成。

温馨提示

1. 豆苗焯水用武火,不宜过熟,过熟发黄。

2. 汤水不能没过豆苗,色泽奶白色。

图 3-16

【举一反三】

双蛋上汤凉瓜青、上汤猪肝枸杞叶、双蛋上汤紫背菜、双蛋上汤麻叶、双蛋上汤豆角叶、双蛋上汤辣椒叶、双蛋上汤霸王花、双蛋上汤萝卜苗、双蛋上汤娃娃菜、双蛋上汤夜香花、双蛋上汤菠菜、双蛋上汤西蓝花、双蛋上汤西洋菜。

【拓展知识】

油泡菜式料头,随着时代变迁在原有的基础上多加了品种,即姜花、葱榄、白菌片(草菇片)、蒜片(蓉)、金笋花(胡萝卜花)

【拓展实践】

分组抽签：每组制作一道泉水菜式、每位同学操练一道上汤菜式

【评价标准】

评价项目	考核要点		分值
评价标准	色：		20
	香：		20
	味：		30
	形：		20
	卫生：		10
	总分		

【作业与思考】

一、判断题：

(   )油泡的菜式成品锅气足、滋味好、口感清爽、口味清鲜、芡薄而紧、菜相清爽洁净。

二、选择题：

1. 下列选项中有误的是(   )。

A. 泡油油温一般在150℃以下

B. 炸的油温一般在150℃以下

C. 泡油时间短，炸的时间一般较长

D. 泡油原料的熟度是熟透，而炸制的原料要求达到香、酥、脆

2. 以下不属于油泡法特点的是(   )。

A. 一般姜花、葱榄为料头

B. 芡色为原色芡

C. 肉料和料头组成菜肴，且主料只能是肉料

D. 肉料形体不大，且要求不带骨或不带大骨

3. 色彩有三要素：色相、明度和纯度。关于色相的说法，(   )是不正确的。

A. 色相就是色种

B. 色相是色彩的名称

C. 色相也可以理解为是色彩的相貌

D. 色相反映了色彩中色素的含量

模块九　白切、冰镇系列菜

【烹调技法】

浸、灼烹调法

【学习目标】

1.使学生理解掌握浸、灼的理论知识,教师演示菜肴的制作方法,强化学生专业基础知识。

2.通过菜肴演示,使学生直观感受菜肴的制作过程和成菜特点。

3.通过实践操作练习,增强学生对本专业的学习兴趣、提高技能水平。

【技法介绍】

浸:把整件或大件的生肉料淹没在微沸的液体中,令其慢慢受热全熟,上碟后,经调味而成一道热菜的方法。

根据浸制所用传热媒介的不同,浸法又分为:

1.油浸法:是将腌制后的肉料,放在一定温度的油中,慢火加热至熟的方法。

2.汤浸法:将生肉料放进微沸的汤水中,慢火加热至熟的方法。

3.水浸法:将生肉料放在微沸的水中,让生料慢慢吸热至熟的方法。

灼:把生料投进滚沸的汤水中,用猛火将生料迅速加热至熟,上碟后配以蘸食佐料的烹调方法。

灼法分为:

1.白灼法:生料经过腌制后放进滚沸的味汤中焯制的方法。

2.生灼法:将生料直接放在滚沸的水中焯制的方法。

【技法特点】

1.油浸菜式成品香而嫩滑,原味足。

2.汤浸的菜肴清鲜嫩滑,带有汤水鲜味。

3.水浸成品肉质嫩滑。

4.灼的菜式鲜、嫩、爽、脆,清淡宜人。

【实践案例1】白切猪手

白切:"白",没添加任何调色调味材料;切:一种刀法运用。白切的特点是色泽透明,片薄爽脆,清香味美,是广东菜常见的烹制方法之一。

食材天地

猪手:又叫猪脚、猪蹄。分前后两种,前蹄肉多骨少,呈弯形,后蹄肉少骨稍多,呈直形。中医认为猪蹄性平,味甘咸,每100克猪脚富含蛋白质、脂肪、碳水化合物,还含有维生素A、维生素B、维生素C及钙、磷、铁等营养物质,是一种类似熊掌的美味菜肴。

成品要求

皮爽肉滑,肥糯不腻。

工艺流程

原料选择→初加工→煮熟→漂水→拆骨→捆绑→浸泡→冷冻→切片→成品

烹调原料

主料:猪手两只(1000 克)

调料:米醋、米酒

用具:竹片、麻绳

蘸料:蒜泥、砂姜碎、芝麻、炸花生、香油、酱油、辣椒、香菜

制作程序

1. 猪手用剃须刀刮干净毛,去掉蹄甲,把血污洗净。

2. 猪手放入凉水锅中,加适量盐、米醋、米酒,加热烧沸煮30 分钟捞起,用泉水漂1.5 个小时捞出,放砧板上用刀剖成两片,把猪脚的大骨去掉,用竹片、细绳将猪脚捆绑起来。

3. 再把捆好的猪手再次放入沸水锅内泡约20 分钟捞起,再换泉水漂约1.5 个小时,再换沸水下锅,放入猪手泡约20 分钟至六成软熟捞出,过冻待凉,放进冰柜里冷冻。

4. 凉后猪手解去草绳,切片摆碟。

5. 把蒜泥、沙姜碎、芝麻、炸花生碎、辣椒圈、香油、头抽、香菜调成蘸料。

温馨提示

1. 猪手上的毛要用利刃刮干净,用火烧会对色泽有影响。

2. 去毛之后的猪手入凉水,加盐、醋、白酒烧煮,这个步骤是去皮肉腥味。

3. 煮后捞出来漂泉水,把残余的毛、死皮、脏污去掉,这个步骤是去血污、胶质和肉腥味。

4. 煮好后的猪手过冻,猪皮会更加爽脆。

5. 蘸料可以根据各地习惯调制。

图 3 - 17

【举一反三】

白切农家鸡、白切鸭、白切鹅、白切猪肚、白切狗、白切莲藕、白切五花肉、白切牛肉、白切

猪肝、白切粉肠、白切东山羊、白切德国咸猪手、白切鹅掌、白切猪杂、白切鹅肝、白切巴马香猪、白切兔块 、白切鹅杂、白切牛腩、白切墨鱼。

【实践案例2】冰镇花螺

"冰镇"：就是把食物和冰放在一起使其变凉。

食材天地

花螺：在广东俗称"东风螺"、"海猪螺"和"南风螺"。其肉质鲜美、酥脆爽口，是国内外市场近年十分畅销的优质海产贝类。具养阴补虚、补虚损、益精气、润肺补肾之功效，用于肺肾阴虚。适宜久病体虚或是虚劳的补益。

成品要求

色鲜、味鲜、口感清爽。

工艺流程

原料选择→清洗→腌渍→灼制→冰镇→摆碟→跟料→成品

烹调原料

主料：花螺 750 克。

调料：姜件，葱条，绍酒，姜汁酒，鲜酱油、芥辣各适量。

制作程序

1. 响螺加入姜汁酒，腌制 3 分钟。

2. 热锅内下油，下姜、葱爆香，烹绍酒后，下汤水滚 2 分钟。

3. 捞出姜、葱，放入花螺猛火焯制至仅熟，捞出投入冰粒（水）中，冰凉后摆碟或跟冰粒一起上。

4. 鲜酱油加芥末跟上。

温馨提示

1. 火要猛，水要开。

2. 灼肉类先加姜、葱、酒爆过再加水烧开取出姜、葱。

3. 注意水量与料量的比例。若原料太多，宜分批焯制。

4. 焯至仅熟即可。

图 3－18

【举一反三】

冰镇芥蓝、冰镇木瓜、冰镇海蜇头、冰镇生虾、冰镇凉瓜、冰镇芦笋、冰镇爽鳝、冰镇辽参、冰镇红蟹、冰镇文蛤、冰镇菜胆、冰镇大连鲍、冰镇酸菜、冰镇章鱼、冰镇腰花、冰镇牛肉

【拓展知识】

各种菜式及跟料：

刺身类菜式：跟日本刺身酱油、芥末。

白切鸡(广州)：跟姜葱蓉。

白切骟鸡(湛江)：跟鲜砂姜、豉油。

全体乳猪：跟层饼、葱球、砂糖、猪酱。

烧鹅：跟冰花梅酱。

潮汕卤水：跟蒜泥醋。

沙律卷：跟沙律酱。

片皮鸭：跟薄饼、葱球、鸭酱。

大闸蟹：跟镇江醋、姜茸。

清蒸蟹：跟浙醋姜。

禾花雀：跟柠檬片。

蛇羹：跟薄脆、菊花、柠檬丝、胡椒粉。

鱼翅：跟浙醋、银芽、火腿丝。

冬瓜盅、明火例汤：跟盐饼。

椒盐菜式：跟椒盐、喼汁。

盐焗菜式：跟盐焗料。

白灼菜式：跟椒丝豉油。

炸子鸡、乳鸽：跟喼汁。

明火白粥：跟咸菜粒(菜脯)。

鸳鸯馒头：跟炼奶。

【拓展实践】

分组抽签：每组制作一款白切菜式和一款冰镇菜肴。

【评价标准】

评价项目	考核要点		分值
评价标准	色：		20
	香：		20
	味：		30
	形：		20
	卫生：		10
总分			

【作业与思考】

一、判断题：

(　　)浸法又分为油浸法、汤浸法和水浸法三种方法。

二、选择题：

1.关于焯法的说法,不正确的是(　　)。

A.焯分白焯法和生焯法两种

B.焯制菜式可在厨房焯,也可在厅堂焯、在餐桌上焯

C.生焯的原料一般要腌制

D.焯都要用猛火沸水加热。

2.关于烩的工艺,(　　)是错误的。

A.烩的汤水必须调入芡粉,以使汤质柔滑

B.宜用文火烩制,能令汤水保持清澈

C.应配鲜汤做汤底

D.在汤微沸时调入芡粉

3.主料处理方法是滚煨,没有固定配料,但一般配姜件、葱条,汤味清爽、鲜美的烹调法是(　　)。

A.滚　　　　　　　B.烩　　　　　　　C.汆　　　　　　　D.清

模块十　香煎、铁板(啫啫)系列菜

【烹调技法】

煎烹调法

【学习目标】

1.通过课堂讲授让学生了解"煎"的工艺流程及菜肴特点,掌握煎制菜肴的制作方法,强化学生专业理论知识。

2.通过菜肴演示,使学生了解煎这一技法的工艺过程,掌握煎法的几种传统分类,以及煎法的操作要领和操作关键。

3.通过理论讲解、菜肴示范、成品展示、菜肴品尝及实践活动,增强学生对本专业的学习兴趣。

【技法介绍】

煎:把原料排放于有少量油的热锅内,用中慢火均匀加热,使原料两面呈金黄色至熟的方法。

煎法分为:

软煎:原料挂上蛋浆(半煎炸粉)后煎熟,经过各种方法调味而成菜的方法。蛋煎:把蛋

液煎至凝结、形状扁平、色泽金黄的方法。

干煎:把原料直接煎呈金黄色至熟透,配佐料成菜的方法。

煎焖(酿):原料经煎香后,加入汤水和调味料略焖而成菜的方法。

煎焗:原料经煎香后,用味汁或酒洒在热锅内,产生的热气将原料焗熟成菜的方法。

半煎炸:原料裹蛋浆粉后,用先煎后炸的加热方式,烹制成菜的方法。

煎封:肉料略腌,煎至金黄色,加料头和汁酱加热封汁的方法。

【技法特点】

色泽金黄、芳香、肉软嫩、形状美观

【实践案例1】香煎马鲛鱼

食材天地

马鲛鱼:又称鰆鱼、竹鲛、马(皋)高鱼,山东地区称为鲅鱼。分布于北太平洋西部,我国产于东海、黄海和渤海,在南海以出产于海南文昌附近海域的最为著名。马鲛鱼刺少肉多,体多脂肪,胆固醇含量低,富含提高人脑智力的 DHA 元素和大量蛋白质、氨基酸以及钙、铁、钠等微量元素,还具有提神和防衰老等食疗功效 。

成品要求

滋味浓郁,干香味美。

工艺流程

原料初加工→切片→腌制→吸干水分→两面煎制→成品。

烹调原料

主料:马鲛鱼 500 克。

配料:姜、葱、蒜。

调料:海盐、姜汁酒、生抽各适量。

制作程序

1. 马鲛鱼去鳃、取内脏,切成约 1.2 厘米大厚片,鱼肉撒上盐、姜汁酒、生抽、葱腌制 30 分钟左右,吸干水分。

2. 姜切片,葱切丝,蒜肉拍碎。

3. 锅烧热,倒入适量的油,放入姜片、蒜肉爆香,再把姜片去掉,把吸干水分的鱼片摆放整齐,文火煎至金黄,再翻煎另一面至金黄干香,铲上碟,面上放少许姜、葱丝即成。

温馨提示

1. 马鲛鱼腌味加姜汁酒、葱汁起去腥增香作用,加生抽或胡萝卜汁起增色作用。

2. 煎鱼时和蒜一起煎会去除鱼腥味,更增香味。

3. 文火煎才能达到干香目的,鱼水分多可以拍上生粉吸水,虽不粘锅但会影响口味。

图 3 -19

【举一反三】

香煎藕饼、香煎银雪鱼、香煎虾饼、香煎鱼头、香煎南瓜饼、香煎豆腐、香煎马鲛鱼、香煎剥皮牛、香煎茄盒、香煎蛋角、香煎羊排、香煎三文鱼、香煎牛排、香煎鹅肝、香煎红衫鱼、香煎海虾、香煎姬松茸、香煎鲈鱼、香煎鸡翅。

【实践案例2】铁板(盆)啫猪杂

铁板菜:来源于西餐,在 20 世纪 80 年代引入我国的广东、上海等沿海地区,其中,铁板牛柳是当时西式铁板菜的典范。铁板菜被粤菜所兼收并蓄、西味中调,粤菜厨师将中式烹调技法和饮食习惯融入铁板菜中,开发并形成了一批具有本地特色的铁板菜。此后,铁板菜又不断被推广,与各地菜系相融合,品种层出不穷,形式不断翻新,一度风行全国。

制作方式:

1. 生料直接投放在铁板上加热至熟成菜(生啫)。

2. 菜肴原料加热至熟后,倒到烧热的铁板上。

食材天地

1. 猪肝:补肝明目,养血 。富含维生素 A 和微量元素铁、锌、铜,而且鲜嫩可口。

2. 猪心:猪心含蛋白质、脂肪、硫胺素、核黄素、烟酸等成分,具有补虚、安神定惊、养心补血之功效。

3. 粉肠:猪粉肠是横结肠的一部分,是用来吸收营养的,是猪小肠和猪大肠连接的一段小肠,比别的小肠厚一些,吃起来比其他的小肠脆口,所含的营养物质也多一些。

4. 猪肚:为猪的胃,含有大量的钙、钾、钠、镁、铁等元素和维生素 A、维生素 E、蛋白质、脂肪等成分。具有治疗虚劳羸弱、泄泻、下痢、消渴、小便频数、小儿疳积的功效。

5. 猪大肠:是用于输送和消化食物的,有很强的韧性,具有润燥、补虚、止渴止血之功效。

6. 猪腰:具有补肾气、通膀胱、消积滞、止消渴之功效。

成品要求

热气腾腾,香气四溢,滑嫩鲜香,滋味浓郁,干香可口。

工艺流程

原料清洗→切改→腌渍→烧板→下料头→投料→浅洒→加配料→啫熟→上板。

烹调原料

主料：猪肝、猪心、粉肠、猪肚、猪大肠、猪腰各100克。

辅料(配料)：青红椒件、洋葱件、芹菜、蒜苗各50克。

料头：大姜片、洋葱丝各20克。

调料：啫酱、生粉等。

制作程序

1. 猪肝、猪心、猪粉肠、猪肚、大肠清洗干净，切改加工，吸干水分，用啫酱稍腌渍。

2. 青红椒、洋葱清洗后切件。

3. 姜切大片，蒜苗、香芹切段，蒜拍碎。

4. 烧铁板，加油、姜、蒜、洋葱爆香，加入腌制好的猪杂，烹酒翻拌，加椒件、蒜苗、适量啫酱，最后加香芹，啫熟端出放在垫板上。

温馨提示

1. 肉料吸干水分才调酱料。

2. 腌渍时间不能过长。

3. 料头爆香后才投主料。

4. 注意避免油溅伤人。

5. 把握好成熟度、投料先后顺序。

6. 调味不能过重，啫菜有浓缩水分的作用。

图3—20

【举一反三】

铁板牛柳、生啫猪肠、生啫通菜梗、铁板啫八爪鱼、铁板啫田鸡、铁板啫肥肠、铁板基围虾、铁板啫豆腐、铁板啫墨鱼仔、铁板杂菌、铁板烧汁鲈鱼、铁板啫茄子、铁板啫蛏子、铁板啫牛仔骨、铁板豆豉鸡、铁板杏鲍菇、铁板啫双鱿、铁板辣汁虾、铁板海中鲜。

【拓展知识】

啫酱:葱油(炸洋葱或干葱)250 克、海鲜酱 1000 克、芝麻酱 100 克、花生酱 100 克、沙茶酱 200 克、沙爹酱 150 克、甜面酱 100 克、磨豉酱 400 克、狗肉酱 400 克、柱侯酱 100 克、桂林辣酱 150 克、黄豆酱 159 克、广合腐乳 100 克、南乳 100 克、九制陈皮 50 克、甘草粉 15 克、八角粉 15 克、十三香 15 克、五香粉 10 克、砂姜粉 20 克、烧烤汁 150 克、蚝油 200 克、鸡粉 100 克、味精 100 克、蜂蜜 100 克、麦芽糖 100 克、糖焦 50 克、炸蒜蓉 150 克、干葱茸 200 克。

【拓展实践】

分组抽签:每组操练一款香煎品种和一款铁板菜式

【评价标准】

评价项目	考核要点	分值
评价标准	色:	20
	香:	20
	味:	30
	形:	20
	卫生:	10
总分		

【作业与思考】

一、判断题:

(   )煎制菜式的原料,其形状以扁平平整为主。

二、选择题:

1.烹调法煎分为(   )种煎法。

A.三   B.四   C.五   D.六

2.以下说法错误的是(   )。

A.煎的原料下锅前要尽量抹干表面水分

B.炒的技法常用于小型原料

C.煎的原料形状以扁平为好

D.由于炒的技法用猛火,为免烧焦,炒制过程中应加入适量的清水

3.(   )不是干煎法的特征。

A.以大虾为原料

B.主料不上浆也不上粉,直接煎制

C.主料可以蘸上芝麻

D.成品具有香气浓烈、色泽金黄、干香、肉质软嫩、味鲜的特色

模块十一 椒盐、美极系列菜

【烹调技法】

炸烹调法。

【学习目标】

1.通过课堂讲授使学生理解"炸"的理论知识,强化学生专业基础知识。

2.通过演示菜肴的制作方法,使学生直观感受菜肴的制作过程和成菜特点。

3.通过菜肴品尝及操作练习活动,增强学生对本专业的学习兴趣。

【技法介绍】

炸:把菜肴原料投入有大量的油和较高油温的镬中,加温至熟的方法。

炸法分为:

1.酥炸法:将上了酥炸粉的原料炸至酥脆的方法。

2.吉列炸法:将上了面包屑的原料炸至酥脆的方法。

3.蛋白稀浆炸法:把挂蛋白稀浆的原料炸至酥脆的方法。

4.脆浆炸法:将原料挂上脆浆炸至酥脆的方法。

5.脆皮炸法:将原料用白卤水浸熟,上脆皮糖水,晾干放进油中炸至皮色大红、皮酥的方法。

6.生炸法:把原料腌制后,炸至大红色至熟成菜的方法。

7.纸包炸法:用纸(威化纸或肉扣纸)把腌制原料包裹好,放进热油中炸熟成菜的方法。

【技法特点】

滋味外香、酥、脆而内嫩。

【实践案例1】椒盐泥鳅

椒盐:把焙过的花椒和盐轧碎制成的调味品称为椒盐。

食材天地

泥鳅:广泛分布于亚洲沿岸的中国、日本、朝鲜、俄罗斯及印度等地。可入药。

在中国除青藏高原外,全国各地河川、沟渠、水田、池塘、湖泊及水库等天然淡水水域中均有分布。泥鳅有沙鳅、真鳅、黄鳅之分,是一种小型淡水经济鱼类。特别适宜身体虚弱、脾胃虚寒、营养不良、小儿体虚盗汗者食用。泥鳅肉质鲜美、营养丰富,并具有药用价值,具有补中益气、除湿退黄、益肾助阳、祛湿止泻、暖脾胃、疗痔、止虚汗之功效。

成品要求

色泽金黄,味道咸鲜香,脆嫩爽口,外酥脆、内软嫩,香味浓厚。

工艺流程

原料初加工→腌渍→上粉浆→炸制→加温起锅→炒料头→加入主料→调味→成品。

烹调原料

主料:泥鳅 500 克、味椒盐 5 克。

料头:青红椒粒 5 克、生蒜茸 5 克、洋葱粒 3 克。

调味料:姜汁酒 5 克、干葱汁 3 克、生抽 3 克、吉士粉 3 克、胡椒粉 3 克、干生粉 50 克。

制作程序

1. 用 50 多度的热水烫死泥鳅,抹洗干净泥鳅表层潺液,将泥鳅的内脏清理干净。

2. 加适量的姜汁酒、葱汁、生抽、胡椒粉、吉士粉等腌渍 15 分钟。

3. 吸干泥鳅表面水分,拍上生粉。

4. 烧油至六成油温,投入拍上生粉的泥鳅炸至身硬捞出滤油。

5. 锅内留少量余油,投入料头,加少许椒盐炒出香味,加入炸好的泥鳅,撒上适量椒盐铲匀且有香味即成。

温馨提示

1. 活养:买来的活泥鳅在盆中放洗米水养 1~2 日,水中滴 1 匙食用油,使其吐净肚中沙污,换水。

2. 抹洗干净泥鳅表层活潺,因其泥味浓。将泥鳅的内脏清理干净,特别是鱼胆,否则会发苦。

3. 泥鳅加蛋会容易变软。

图 3－21

【举一反三】

椒盐蚕虫蛹、椒盐脆炸蚝仔、椒盐海蛇、椒盐火坑鱼、椒盐河虾、椒盐鱿鱼须、椒盐鲜鱿、椒盐骨腩、椒盐沙尖鱼、椒盐山坑鱼、椒盐多春鱼、椒盐九肚鱼、椒盐白饭鱼、椒盐剥皮鱼、椒盐丁香鱼、椒盐鸭下巴、椒盐鸭舌、椒盐猪手、椒盐排骨、椒盐濑尿虾、椒盐竹虫、椒盐蜂蛹、椒盐蝎子、椒盐地虎。

【实践案例 2】美极掌中宝

食材天地

鸡脆骨:又称掌中宝、鸡脆,特指鸡中可以食用的动物软骨部分,它以其独特的口感而备受食客青睐。

成品要求

色泽金黄,香脆可口,色鲜味美。

工艺流程

原料成型→腌制→上粉浆→下锅→浸炸→加温起锅→调味→成品。

烹调原料

主料:掌心骨300克。

配料:蒜苗50克、青红椒50克、姜片、葱段。

调料:美极鲜适量、蜂蜜各适量。

腌料:胡椒粉少许、胡萝卜汁30克、松肉粉5克、吉士粉15克、豆腐乳5克、花生酱5克、姜汁酒适量、味精适量、生粉适量。

制作程序

1.脆骨解冻后,冲洗干净,吸干水分,依次加入姜片、葱段、姜汁酒、蜂蜜、胡椒粉、胡萝卜汁、松肉粉、吉士粉、豆腐乳、花生酱、味精等腌约30分钟。

2.拣去姜片、葱段,加入适量生粉拌均匀。

3.拌匀的脆骨入油锅,炸至金黄色至脆,捞出滤油。

4.重起锅炒青红椒件、蒜苗,加美极鲜,放入炸好的脆骨炒匀,装盘即可。

温馨提示

1.高油温投料,使原料迅速定型,浆粉涨发。

2.降低油温浸炸,防止外焦内生。

3.升高油温起锅,使油从原料排出,不油腻。

4.合理使用油脂。

5.原料下锅前沥干水分。

6.沿锅边投料。

7.善于识别油温。

8.勾芡菜式先勾芡后下炸好的原料拌匀。

9.须上蛋浆或拌粉原料要上匀。

图 3-22

【举一反三】

美极鲜鱿、美极煎鹅肝、美极焗肠头、美极豆干咸肉、美极煎松茸、美极猪脚皮、美极蛇碌、美极禾花雀、美极鸭头、美极鸭舌、美极鱿鱼圈、美极吊烧鱿鱼、美极虾、美极鸭下巴、美极山坑鱼仔。

【拓展知识】

炸制肉类腌制香汁（配方）：干葱（洋葱）200克、胡萝卜150克、西芹50克、香菜梗50克、陈皮蓉50克、蒜子75克、五香粉15克、甘草粉5克、小茴粉5克、香草粉3克、盐20克、味精20克、料酒50克。

【拓展实践】

分组抽签：每组操练一款椒盐菜和一款美极菜肴。

【评价标准】

评价项目	考核要点	分值
评价标准	色：	20
	香：	20
	味：	30
	形：	20
	卫生：	10
总分		

【作业与思考】

一、判断题：

（　　）1. 运用炸的烹调技法时，油温都应分三个阶段控制掌握，即高油温投料，降低油温浸炸，重新升高油温出锅。

（　　）2. 炸焖法适用于鱼类原料。

（　　）3. 酥炸法原料上的是酥炸粉，一般是在180℃油温投料。

二、选择题：

1.（　　）不属于酥炸法与吉列炸法的明显区别。

A. 上粉不同 　　　　　　　　　　B. 下锅油温不同

C. 成菜调味方式不同 　　　　　　D. 使用原料性质不同

2. 制作"脆炸直虾"的直虾，其初步加工方法是剥去虾头、虾壳，留下虾尾，挑去虾肠，在（　　）三刀，深约1/3。

A. 背部顺切 　　　B. 腹部顺切 　　　C. 腹部横切 　　　D. 两侧横切

3. 脆皮炸法的工艺流程是：白卤水浸制→调糖水→上糖水→晾干→（　　）→调佐料、勾芡→斩件造型→成品。

A. 浸炸 　　　　　B. 吊炸 　　　　　C. 直炸 　　　　　D. 猛火炸

模块十二　钵仔、干锅系列菜

【烹调技法】

焖

【学习目标】

1. 通过课堂讲授使学生了解"焖"的基础理论知识,强化学生的专业基础知识。

2. 通过菜肴演示,使学生直观感受菜肴的制作过程和成菜特点。

3. 通过实践练习,增强学生的操作技能,提高专业水平。

【技法介绍】

焖:原料经初步熟处理后,加入料头、汤汁,调味、定色、加盖,用中火加热,成熟后收汁勾芡,菜品有泻脚芡的方法。

焖法分为:

1. 生焖法:生料经油泡或酱爆后焖熟的方法。

2. 熟焖法:菜肴原料煲熟切件后再焖制的方法。

3. 炸焖法:肉料上粉炸熟,再焖制的方法。

【技法特点】

汁浓、味厚、香气馥郁、肉料软滑。

【实践案例1】钵仔田螺鸡

食材天地

1. 田螺:在全国大部分地区均有分布。可在夏、秋季节捕取。淡水中常见的有中国圆田螺、中华圆田螺等。营养价值很高,其中钙的含量特别高。田螺又是一种药用动物。可清湿热、利小便。

田螺肉味甘、性寒,具有清热、明目、利尿、通淋等功效。但因田螺为性寒之物,故脾胃虚寒之人不应多吃。

2. 土鸡:也叫草鸡,是指放养在山野林间、果园的肉鸡。具有耐粗饲、就巢性强和抗病力强等特性,肉质鲜美。鸡肉、蛋品质优良,营养丰富。

成品要求

肉香味浓,滋味醇厚丰富。

工艺流程

选料→初步加工→"飞水"→酱爆→焖制 →成品。

烹调原料

主料:土鸡500克、田螺500克。

配料:春笋 100 克、芹菜 50 克、蒜苗 75 克、辣椒 50 克、干葱 50 克、姜块 30 克、蒜子 50 克、紫苏 30 克。

调料:田螺酱 50 克,盐、糖、酒、胡椒粉、陈皮、香油、生粉等各适量。

制作程序

1. 田螺买回来用洗米水养两天,让田螺吐净泥沙(在水里滴两滴油会使其吐得快一点),烧前刷洗干净,再用钳子把尾部剪掉。

2. 土鸡斩块,加适量盐、糖、鸡精、蚝油、胡椒粉、生粉、田螺酱拌匀稍腌渍。

3. 姜切大片,芹菜、蒜苗切段,辣椒切件,蒜子、干葱拍碎,陈皮切丝。

4. 春笋焯去涩味。

5. 田螺加姜汁酒出水。

6. 起镬先将葱姜、辣椒、蒜头煸香,然后把鸡块放入煸炒,再倒入田螺一起炒,加料酒、田螺酱、酱油、蚝油、糖、陈皮丝爆出香味后,加适量汤水焖制成熟,加蒜苗、紫苏、香芹,勾芡,加适量香油盛到砂锅上即可。

温馨提示

1. 根据原料的不同质地,采用不同的熟处理。

2. 酌情掌握汤量、火候、芡汁。

3. 辅料处理得当,注意下料时机。

4. 控制好焖制时的掺汤量、火力、时间,切勿中途加水;防止粘锅、焦锅。火力大小要根据原料成品的质感来掌握。

图 3-23

【举一反三】

桂林田螺鸡、山寨田螺鸡、花蟹田螺煲、韶关酸笋田螺鸡、紫苏田螺鸡、风味田螺酿、田螺鸭煲、掌亦田螺煲、钵仔禾虫、钵仔鱼肠蛋、钵仔金蒜鳝段、钵仔红焖肉、酸梅钵仔鹅、钵仔葱头骨、瓦钵客家猪肉汤、钵仔火腩凉瓜、钵仔粉葛土猪肉、钵仔骨香五味鹅、钵仔笋干焖花腩、钵仔农家稻草鸭、钵仔芋仔柱侯焖鸭、钵仔粉葛焖鹅、豉香钵仔肉、钵仔大肠、钵仔陈醋骨、钵仔猪头肉、钵仔榄角脆骨。

【实践案例2】和味狗仔鸭

"狗仔鸭"并不是一个特殊品种的鸭子,它指的是顺德怀旧菜的烹饪方法。用狗肉酱来焖番鸭,吃起来肉质有点像狗肉,味道很浓香。狗仔鸭即是鸭肉的烹制方法采用狗肉的烹制程序。

食材天地

鸭肉:蛋白质含量比畜肉高得多,脂肪含量适中且分布较均匀,有滋补、养胃、补肾、除痨热骨蒸、消水肿、止热痢、止咳化痰等作用。

成品要求

色泽金黄,酱香味浓。

工艺流程

原料选择→斩块→腌制→干煸→加酱爆香→焖制→成品。

烹调原料

主料:光鸭半只750克。

配料:姜250克、蒜苗100克、青红椒件50克、陈皮小块、八角1粒,小茴香、胡椒粒少许。

调料:狗仔酱50克,盐、糖、味精、老抽、麻油、米酒适量。

制作程序

1. 鸭子斩块,加适量的米酒、盐、糖稍腌。

2. 姜切滚刀块,蒜苗切段,青红椒切片,胡椒拍碎。

3. 起镬下鸭肉干煸出多余水分和鸭油,铲出沥干水分。

4. 把姜块炸干。

5. 重起镬投入煸干水分的鸭肉,加入姜块、狗仔酱、烹酒、陈皮、八角、小茴香爆出香味后加入过面汤水,调味焖45分钟至鸭肉熟透后加入蒜苗、椒件收汁,老抽调色,调入味精、麻油装到干锅上即成。

温馨提示

狗仔酱:南乳500克、狗肉酱200克、腐乳100克、柱侯酱150克、海鲜酱75克、芝麻酱100克、五香粉10克、砂姜粉10克、甘草粉10克、小茴粉3克、酒75克、豉油膏150克、片糖100克、炸蒜蓉150克

图 3－24

【举一反三】

干锅羊杂、干锅田鸡腿、干锅啤酒鸭、干锅土鸡、干锅牛仔肉、干锅杏鲍菇、干锅鸭舌、干锅大虾、干锅鱼头、干锅鸡腰、干锅大肠、干锅肚片、干锅鸡杂、干锅驴肉、干锅黄骨鱼、干锅牛腩、干锅蹄筋、干锅桂鱼。

【拓展知识】

田螺酱：柱侯酱 500 克、辣酱 150 克、南乳 150 克、芝麻酱 100 克、黄豆酱 100 克、甜面酱 100 克、豆豉酱 50 克、砂姜粉 75 克、白糖 75 克、生抽 75 克、蚝油 75 克、五香粉 20 克、味精 75 克、炸蒜蓉 100 克、椒粒 50 克、紫苏叶 20 克。

【拓展实践】

分组抽签：每组制作一款钵仔菜式和一款干锅菜式。

【评价标准】

评价项目	考核要点	分值
评价标准	色：	20
	香：	20
	味：	30
	形：	20
	卫生：	10
总分		

【作业与思考】

一、选择题：

1. 焖与煮的主要区别是(　　　)。

A. 焖一般要勾芡,煮一般不勾芡

B. 焖适用于肉料,煮适用于蔬果料

C. 焖的原料形状小,煮的原料形状大

D. 焖的菜肴只有主料,煮的菜肴既有主料又有副料

2. 生焖的原料在焖前一般要经过(　　　)的处理。

A. 油泡、爆炒、炸、煲熟　　　　　　　　　B. 煲熟、爆炒

C. 油泡、炸、煲熟　　　　　　　　　　　　D. 爆炒、油泡

3. 以下说法中(　　　)不属于芡对菜肴的作用。

A. 形成菜肴良好的口感　　　　　　　　　B. 使菜肴油亮美观

C. 可突出主料　　　　　　　　　　　　　　D. 便于菜肴的食用

4. 保证菜肴的脆嫩和入味是(　　　)的其中一个作用。

A. 原料上浆挂糊　　　B. 菜肴勾芡　　　C. 菜肴调味　　　D. 干货涨发

5. 以下关于芡色的讨论,正确的是(　　　)。

A.芡色就是指芡的色泽

B.错用芡色既不美观,又影响菜肴的质量

C.红芡又分大红芡、深红芡、浅红浅、紫红芡、嫣红芡

D.由咖喱调出的是深黄芡

6. 清蒸滑鸡使用清芡,这里体现了调芡色的(　　　)原则。

A.根据调味品的颜色来调芡色　　　　　　B.肉为主色,芡跟肉色

C.适合菜式的风味特点　　　　　　　　　D.适合菜肴的名称

7. 烹制五彩鸡丝适宜使用(　　　)手法勾芡。

A.吊芡　　　　　　B.泼芡　　　　　　C.浇淋芡　　　　　　D.推芡

模块十三　砂锅(煲仔)、卵石桑拿系列菜

【烹调技法】

焖烹调法

【学习目标】

1.通过课堂讲解,使学生了解"焖"的理论知识及制作方法,强化学生专业基础。

2.通过菜肴演示,使学生直观感受菜肴的制作过程和成菜特点。

3.通过理论讲解、菜肴示范、菜肴品尝、操作实践、评价交流活动,使学生进一步掌握焖类菜肴的操作技能。

【技法介绍】

焖:生料初步熟处理着色,加入配料、汤水、味料,加盖以中慢火加温至熟透的方法。

焖分为:

1.馒头焖:生料用煎或炸上色,加配料、汤水,调味,加盖以中慢火加热至熟透的方法。

2.瓦锅焖:生料经初步熟处理后,放入瓦锅内焖制的方法。

【技法特点】

肉料软焓、滋味醇厚、香气浓郁。

【实践案例1】鱼香茄子煲

砂锅菜也叫煲仔菜,就是用瓦煲制作的菜肴。20 世纪 70 年代,江门市的饮食业盛行煲仔菜,尤其是那些专营冷饮的冰室,在夏天以卖冰水、雪糕、冰棒、汽水为主,生意兴隆。冬天来了,冷饮的销路少了,为求生计,煲仔菜就应运而生。砂锅本身就是颇具民族特色的艺术品,我国的砂锅菜集炊具与餐具为一体,一菜一锅,直接上桌食用,充分体现了中国菜肴讲究色、香、味、形、器的文化内涵,这也是砂锅菜的一大特色。

食材天地

茄子:最早产于印度,公元4~5世纪传入中国,广东人称为矮瓜,是茄科茄属一年生草本植物,热带为多年生。结出的果实可用的颜色多为紫色或紫黑色,也有淡绿色或白色品种,形状上有圆形、椭圆形、梨形等。茄子具有清热止血、消肿止痛、降低高血脂、降低高血压、保护心血管、抗坏血酸,治疗冻疮、防治胃癌、抗衰老的功效,含抗坏血酸。茄子的营养也较丰富,含有蛋白质、脂肪、碳水化合物、维生素以及钙、磷、铁等多种营养成分。

成品要求

软软糯糯,滋味醇厚丰富,酱香味浓郁。

工艺流程

选料→刀工→浸泡→炸制→焖制→成菜。

烹调原料

主料:茄子500克、猪肉碎30克、咸鱼粒10克。

料头:蒜蓉5克、姜米5克、辣椒粒5克、葱花5克。

调料:煲仔酱10克、酱油3克、蚝油3克、糖3克、味精(鸡精)5克,胡椒粉、香油各适量。

制作程序

1. 茄子削皮切7厘米长的条,清水浸半个小时去草酸(涩味)。猪肉剁碎,咸鱼切粒。

2. 高油温(180℃)炸熟,倒出滤去油。

3. 起锅下少许油把咸鱼粒爆香(否则腥味重),加姜末、蒜蓉、肉碎、椒粒、煲仔酱、料酒炒出香味,放入炸好的茄子,调入生抽、蚝油、糖、味精(鸡精)、胡椒粉、麻油炒匀装煲。

4. 加热,最后加上少许葱花于面上即成。

温馨提示

1. 茄子去皮更显档次

2. 茄子泡清水去涩

3. 泡油后可焯水去掉部分油分

4. 可以先把煲仔加大热上煲后即沸滚,缩短烧煲时间。

图 3－25

【举一反三】

砂锅焗鱼头、砂锅海参、砂锅香菌鸡、砂锅东山羊、砂锅鲇鱼、砂锅黑椒牛排骨、海鲜牛肉、什锦贡丸、砂锅焖狗肉

【实践案例2】卵石桑拿基围虾

桑拿菜:根据烹调手法的不同,桑拿菜主要分为两种:一种是以石头作为传热介质来烹菜,又称"石烹菜";另一种是像人们蒸桑拿一样先对食材加以"按摩"再用蒸汽进行烹饪。

食材天地

1.基围虾:俗称泥虾、麻虾、花虎虾、虎虾、砂虾、红爪虾,分布于山东半岛以南沿岸水域,广东沿岸海域均有分布,自1986年人工育苗成功以来,已有多年养殖历史,是广东海区重要经济虾类之一。含有丰富的镁,可减少血液中胆固醇含量,防止动脉硬化,预防高血压及心肌梗死,虾肉还有补肾壮阳、通乳抗毒、养血固精、化淤解毒、益气滋阳、通络止痛、开胃化痰等功效。

2.卵石:指的是风化岩石经水流长期搬运而成的粒径为60～200毫米的无棱角的天然颗粒,含有丰富矿物质。

成品要求

色泽通红,清甜爽口,虾鲜肉嫩,原汁原味,清爽宜人。

工艺流程

原料选择→初加工→卵石加温→倒入菜肴原料→加盖→洒酒汁→焗制→成品

烹调原料

主料:基围虾500克

调料:花雕酒75克,虾抽、葱姜丝适量。

制作程序

1.首先将基围虾洗干净,滤干水分。

2.砂锅里铺上适量鹅卵石,把锅连石头烧至大热。

3.生虾倒在锅内的鹅卵石上,撒上姜葱丝,盖上盖子,加入适量的花雕酒汁,用毛巾围好。

4.利用卵石的高热产生的热气把虾焗熟。

5.原锅与虾抽一起上桌。

温馨提示

1.石烹菜:在专门制作此类佳肴的餐厅,主要有三种手法:

一是用石板烹菜,扁平且耐高温的石板,放入烤箱内烤烫后,放在特制的托盘上,再放上食材进行烹调。食材宜选用肥牛、里脊肉等质地细嫩的原料。

二是用鹅卵石、墨脱石、能量石、雨花石等各种石头来烹菜,即将烧得滚烫的石头放入容器里,再将鲜活生料放在石头上,利用高温骤热产生的蒸汽使其成熟。原料多是鲜活易熟的虾、鱼片、鳝段等。

三是把食材扔进"桑拿室"——滚烫的石锅里烹熟,比如石锅田螺、石锅蛙仔等。食客亲眼看见原材料在几十秒钟之内由生变熟,自有一番惊喜。

2. 虾抽:是由鱼豉油辣椒丝组成。

图 3-26

【举一反三】

桑拿腰片、卵石泥鳅、卵石爆鸡蛋、卵石爆牛娃、卵石爆脆肠、卵石爆鲜鱼汤、卵石煸鱼、卵石酸汤鱼、桑拿牛柳、木桶桑拿鸭、木桶桑拿骨、桑拿虾、桑拿石鸡、桑拿毛肚、卵石花甲、桑拿肥牛、桑拿鳝片、桑拿蛤蜊

【拓展知识】

煲仔酱:柱侯酱500克、海鲜酱150克、蚝油50克、芝麻酱75克、砂糖30克、花生酱75克、生抽30克、沙茶酱50克、味精50克、南乳50克、陈皮20克、腐乳50克、绍酒30克、老抽30克、干葱50克、砂姜粉5克、蒜蓉50克、五香粉6克

【拓展实践】

每位同学选择一款煲仔菜练习。

【评价标准】

评价项目	考核要点	分值
评价标准	色:	20
	香:	20
	味:	30
	形:	20
	卫生:	10
总分		

【作业与思考】

一、判断题:

(   )1. 当燃气炉具失火时,首先必须拿二氧化碳灭火器灭火。

（ ）2. 在烹调中,可以根据传热介质来判断火力的大小。

（ ）3. 在粤菜中,油是最常用的传热介质。

（ ）4. 水传热比较均匀。

（ ）5. 作为传热介质的水蒸气是在密封的环境中被利用的。

（ ）6. 准确运用火力要求根据菜肴的风味特点选择火力。

（ ）7. 烹饪原料在受热过程中发生的凝固作用与淀粉含量密切相关。

（ ）8. 人的舌头及舌面的味蕾构成了化学味的感官器。

（ ）9. 物理味觉的感觉包括质感和温感两大方面。

（ ）10. 咸味是单一味中唯一能独立用于成品菜的味。

二、选择题:

1. 不是柴油炉缺点的是（   ）。

A. 燃烧时会产生有害的气体　　　　　　B. 燃烧时会产生黑烟,污染环境

C. 热值低,浪费能源　　　　　　　　　D. 噪声大

2. （   ）不是烹调热源必须满足的条件。

A. 提供足够的热量、污染少　　　　　　B. 便于调节、方便使用

C. 能耗低、安全性好　　　　　　　　　D. 价格低、美观耐用

3. 对流一般发生在（   ）一组的热传递中。

A. 水、油、蒸汽　　　　　　　　　　　B. 锅、盐粒、水

C. 油、气、沙粒　　　　　　　　　　　D. 铁板、卵石、油

模块十四　茶香、盐烧系列菜

【烹调技法】

焗烹调法

【学习目标】

1. 通过课堂讲解,使学生了解"焗"的理论知识及制作方法,强化学生的专业基础。

2. 通过菜肴演示,使学生直观感受菜肴的制作过程和成菜特点。

3. 通过理论讲解、菜肴示范、菜肴品尝、操作实践、评价交流活动,使学生进一步掌握焗类菜肴的操作技能。

【技法介绍】

焗:生料经腌制后,以汤汁或盐或空气为传热介质,加热至熟透而成菜的方法。

焗分为:

1. 砂锅焗:将腌好的生料放在砂锅内,加热至熟的方法。

2. 盐焗:将腌制好的生料埋入热盐中,使生料至熟的方法。

3. 炉焗：将腌制好的生料放进烤炉内，使生料至熟的方法。

4. 镬上焗：将腌制好的生料放在镬中，使生料至熟的方法。

【技法特点】

色金黄，汁少而浓香，原汁原味，肉料嫩滑

【实践案例1】茶皇焗竹肠

茶叶做菜并不是什么新鲜事，全国很多地方都有用茶叶做菜，包括粤菜也有不少茶香味的菜式，传统的如太爷鸡、茶香猪手。

食材天地

1. 茶叶：茶叶一直被誉为健康的护卫者，具有抗癌、降血脂、减肥、预防心血管疾病、抵抗辐射、抗氧化、延缓衰老、增进精神健康、助消化、护齿、护肤等功效。茶的营养元素主要是蛋白质、氨基酸、生物碱、茶多酚、碳水化合物、矿物质、维生素、天然色素、脂肪酸等。

2. 猪小肠：指一头连着胃一头连着大肠的部分。猪小肠用途广泛，既可直接做菜，也可除去肠内外各种不需要的组织，经过加工制成肠衣。营养价值丰富，含有钙、镁、硫胺素、铁、核黄素、锰等人体必需的微量元素和矿物质。具有清热、祛风、止血的食疗价值。

成品要求

竹肠鲜香冶味、爽嫩，茶香风味突出。

工艺流程

原料初加工→切配→腌制→炸制→焗制→成品。

烹调原料

主料：猪粉肠750克、绿茶叶50克。

腌料（香汁）：陈皮末10克、干葱30克、芫荽梗10克、蒜头2粒、砂姜5克、五香粉3克、西芹汁10克、红萝卜汁5克。

调料：米酒、南乳、糖、吉士粉、味精、烧烤汁、生粉、生抽各适量。

制作程序

1. 竹肠去掉多余的肠脂和肠膏，改成长5厘米的段，用陈村枧水腌渍10分钟，连枧水一起烫一下，漂去碱味，吸干水分。把干葱、芫荽、西芹、胡萝卜、蒜子、砂姜榨汁，用热水泡出绿茶茶汁。

2. 吸干水分的竹肠加入干葱、芫荽梗、蒜头、砂姜、西芹、胡萝卜榨出来的汁和陈皮末、五香粉、米酒、南乳、糖、吉士粉、味精、烧烤汁、生抽等腌渍15分钟。

3. 把泡发的绿茶炸酥，腌渍好的竹肠拍薄，生粉炸至表面发硬捞出。

4. 炸好的绿茶加糖和竹肠炒匀焗好，装入竹网中即成。

温馨提示

1. 竹肠要选白膏的一段。

2. 竹肠碱腌制才能咬得动。

3. 茶叶要泡开吸干水分。

4. 炸制调味要注意收干汁后味增浓。

5. 把握好拍粉度。

6. 注意炸制时把控色泽。

图 3 - 27

【举一反三】

茶香猪手、竹网茶皇虾、茶香骨、台湾茶香鹅、肉骨茶、茶香鸡、龙井虾仁、茶香鸽、茶香烤鱼、茶香焗鳝片。

【实践案例2】盐烧桂鱼

盐烧,就是用食盐(氯化钠)腌制原料,烧制过程中,使食盐中的钠与原料中的蛋白质反应形成特别的盐香味。

食材天地

桂鱼:又名鳜鱼、鳌花鱼、鱾鱼、鲜花鱼、石桂鱼、花鲫鱼、鲈桂。鳜鱼是世界上一种名贵的淡水鱼类。鳜鱼与黄河鲤鱼、松花江四鳃鲈鱼、兴凯湖大白鱼齐名,同被誉为我国"四大淡水名鱼"。它肉多刺少,肉洁白细嫩,呈蒜瓣状,肉实而味鲜美,是淡水鱼中的上等食用鱼。

鳜鱼含有蛋白质、脂肪、少量维生素、钙、钾、镁、硒等营养元素,肉质细嫩,极易消化,对儿童、老人及体弱、脾胃消化功能不佳的人来说,吃鳜鱼既能补虚,又不必担心消化困难。具有补气血、益脾胃的滋补功效。

成品要求

色金黄焦香,香味浓郁,造型美观。

工艺流程

原料选择→宰杀→腌渍→包裹→焗制→成品。

烹调原料

主料:桂鱼1条750克。

配料:炸蒜子100克、姜100克、葱白50克。

调料:精盐750克、蛋清2只、生粉50克、腌鱼汁150克。

腌鱼汁:将芝麻酱 25 克、南乳 50 克、花生酱 25 克、生抽 25 克、磨豉酱 75 克、海鲜酱 7 克、鸡粉 5 克、精盐 10 克、味精 10 克、砂糖 5 克、玫瑰露酒 10 克、干葱头 75 克、蒜 30 克、香菜 5 克、甘草粉 20 克搅拌好,然后加入拍碎的西芹 50 克、拍碎的胡萝卜 40 克搅拌均匀即成。

制作程序

1. 把桂鱼宰杀冲洗干净,在鱼身两面剞花刀,用毛巾吸干水分备用。

2. 将腌鱼汁搅拌后均匀地涂抹在鱼身上腌渍 2 个小时。

3. 将精盐、蛋清、生粉搅拌均匀。

4. 腌好的鱼去净腌料,把炸蒜子、姜片、葱白塞进鱼腹。用双层肉扣纸包好,表面用拌蛋精盐抹匀成鱼形。

5. 烤箱上火调至 200℃,下火调至 180℃,放入鱼烤 25 分钟至熟。

6. 烤好的鱼用锯刀去掉鱼身上面的盐壳,露出鱼肉即可。

温馨提示

1. 鳜鱼的脊鳍和臀鳍有尖刺,上有毒腺组织,人被刺伤后有肿痛、发热、畏寒等症状,加工时要特别注意,制作菜肴前要刹掉。

图 3-28

【举一反三】

盐烧秋刀鱼、盐烧多春鱼、盐烧青花鱼、盐烧三文鱼、盐烧猪手、盐烧蟹、盐烧鸡翅、盐烧大赤鲸、盐烧银雪鱼、盐烧鲈鱼、盐烧姜母鸭、盐烧马鲛鱼、盐烧大虾、盐烧霸王肘、盐烧猪肚、盐烧芝士生蚝、盐烧黄花鱼、盐烧太阳鱼

【拓展知识】

茶的二十四功效:(1)少睡;(2)安神;(3)明目;(4)清头目;(5)止渴生津;(6)清热;(7)消暑;(8)解毒;(9)消食;(10)醒酒;(11)减肥;(12)下气;(13)利水;(14)通便;(15)治痢;(16)去痰;(17)祛风解表;(18)固齿;(19)治心痛;(20)疗疮治瘘;(21)疗饥;(22)益气力;(23)延年益寿;(24)杀菌治脚气。

【拓展实践】

分组抽签:每组制作一款茶香菜和一款盐烧菜

【评价标准】

评价项目	考核要点		分值
评价标准	色：		20
	香：		20
	味：		30
	形：		20
	卫生：		10
总分			

【作业与思考】

一、判断题：

( )1. 盐焗技法与热盐焗技法的技术要领相同。

( )2. 焗的菜式都没有配料。

二、选择题：

关于焗法的制作特点，表述不正确的是( )。

A. 肉料焗前要先腌制   B. 焗前要先经过煎或炸

C. 烹制时用水量较少，甚至有的不用水   D. 以热气加热

模块十五 烧、卤系列菜

【烹调技法】

烧、卤

【学习目标】

1. 通过课堂讲解，使学生了解"烤"、"卤"的理论知识及制作方法，强化学生的专业基础。

2. 通过菜肴演示，使学生直观感受菜肴的制作过程和成菜特点。

3. 通过理论讲解、菜肴示范、菜肴品尝、操作实践、评价交流活动，使学生进一步掌握烧卤类菜肴的操作技能。

【技法介绍】

卤：将原料放进卤水中浸制至熟且入味的方法。

粤菜的卤水分红卤水、白卤水两大类。

1. 红卤水成品带酱色，分一般卤水、精卤水及潮州卤水三种。

2. 白卤水成品保持原料本色。白卤水的主要成分是清水、香料、盐、糖等。

烤:利用热空气,通过辐射的方式对腌制好的裸肉直接加热,使肉料至熟成菜的方法。广东习惯称之为烧烤。

分明炉烤和挂炉烤:

1. 明炉烤:用开放的方式烧烤的方法。

2. 挂炉烤:将原料放在专用炉内密闭烧烤的方法。

【技法特点】

卤:成品气味芳香、滋味甘美。

烤:色泽金红,外酥香内嫩味鲜,滋味芳香浓郁。

【实践案例1】镬上肥叉

食材天地

五花肉:位于猪的腹部,猪腹部脂肪组织很多,其中又夹带着肌肉组织,肥瘦间隔,故称"五花肉"。肉类含蛋白质丰富,肉类脂肪可提供较多的热量,可制成多种多样的美味佳肴,又有浓郁的香味和鲜美的味道,可大大提高食欲。

成品要求

色泽金红,滋味芳香饴味。

工艺流程

原料选择→切条→腌渍→熬汁→煮制→收汁→成品。

烹调原料

主料:五花肉 2500 克

配料:清水约 1500 克、红曲米 50 克、五指毛桃 100 克、甘草五片、玉竹 20 克、大茴香 1 粒、香叶两片、胡椒 10 克、姜片少许,熬水适量。

调料:生抽 100 克、卤水 50 克、烧烤汁 20 克、冰糖 50 克、味精 20 克

腌料:磨豉 10 克、南乳 50 克、蜂蜜 50 克,米酒 30 克、蒜蓉 25 克、干葱汁 50 克、叉烧酱 30 克、烧烤汁 20 克、麦芽糖 20 克、香脆素 2 克、老抽适量。

制作程序

1. 五花肉去皮,切成粗条状,加入腌料腌 2 个小时。

2. 用清水约 1500 克、红曲米 50 克、五指毛桃 100 克、甘草五片、玉竹 20 克、大茴香 1 粒、香叶两片、胡椒 10 克、姜片少许,熬成汁水。

3. 起镬用中高油温把腌渍的五花肉略炸。

4. 把熬成的汁水和加工后的五花肉煮制,加入生抽 100 克、卤水 50 克、烧烤汁 20 克、冰糖 50 克、味精 20 克文火熬制至入味收汁即成。

温馨提示

1. 腌渍的五花肉也可以用镬煎上色泽至有焦香味。

2. 文火加工做成的镬底烧才入味。

3. 注意收汁时的火候和色泽控制。

图 3 - 29

【实践案例 2】 潮式卤水鹅

食材天地

鹅:是人类驯化的一种家禽,它来自于野生的鸿雁或灰雁,鹅肉营养丰富,脂肪含量低,不饱和脂肪酸含量高,对人体健康十分有利。适宜身体虚弱、气血不足、营养不良之人食用。常喝鹅汤,吃鹅肉,还可补虚益气、暖胃生津。

成品要求

色泽浅黄、气味芳香、滋味甘美、皮香肉嫩。

工艺流程

原料选择→光鹅初加工→卤水调制→光鹅焯水→浸卤→成品。

烹调原料

主料:光鹅 3000 克。

调料:水 20 000 克、炸蒜子 500 克、干葱(洋葱)250 克、大地鱼(干)50 克、炸冬菇 50 克、西芹 500 克、香菜 50 克、炒香芝麻粉 100 克、八角 40 克、香菜籽 30 克、桂皮 90 克、香叶 20 片、花椒 7 克、草果 8 只、白豆蔻 35 克、丁香 5 克、九制陈皮 50 克、南姜 1000 克、冰糖 250 克、生抽 2500 克、绍酒 250 克、味极鲜豉油 500 克、鱼露 300 克,盐、味精各适量。

制作程序

1. 蒜子、洋葱、大地鱼、冬菇用 1500 克油炸香,加炒香的芝麻粉用网布袋包好。

2. 西芹、香菜洗净,南姜切大片。

3. 八角、香菜籽、桂皮、香叶、花椒、草果、白豆蔻、丁香、九制陈皮另用网布袋包好。

4. 卤锅加入清水、两个药包、南姜、西芹、香菜、冰糖熬制 60 分钟,调入生抽、味极鲜豉油、鱼露。

5. 绍酒另起镬烧沸冲下,调入适量的盐、味精即成卤水。

6. 光鹅斩掌翼,焯水去净血污,放入卤水中卤至入味至熟捞出,凉后斩件摆碟,跟蒜泥醋即成。

温馨提示

1. 原料的比例要恰当,要正确使用火候,熬制时间要足够。

2. 每天用完卤水,再将其烧沸,晾冻放进雪柜保管,才不至于变质。

3. 卤水汁应根据其原料耗用情况,适当按比例增添一定的原料,以补充卤水的分量。

图 3 - 30

【举一反三】

卤豆干、卤花肉、卤水蛋、卤猪头皮、卤猪肚、卤水鸭、卤鹅肠、卤猪舌、卤猪手。

【拓展知识】

精卤水原料:八角 7 克,桂皮、甘草、生姜各 100 克,草果、丁香、砂姜、陈皮各 25 克,罗汉果 1 个、食用油 200 克、长葱条和生姜 250 克、生抽 5000 克、绍酒 2500 克、冰糖 2100 克、红谷米 150 克。

【拓展实践】

分组抽签:各组选择一款烧或卤的菜品练习。

【评价标准】

评价项目	考核要点	分值
评价标准	色:	20
	香:	20
	味:	30
	形:	20
	卫生:	10
总分		

【作业与思考】

一、判断题：

（　　）1. 在烹调中,酸味须与甜味混合才能形成可口的美味。

（　　）2. 按调味工艺分,调味分为一次性调味和多次性调味两种方法。

（　　）3. 腌虾仁的配方是鲜虾肉 500 克、精盐 5 克、味精 6 克、淀粉 6 克、蛋清 20 克、食粉 1.5 克。

（　　）4. 调糖醋汁的配方是白醋 500 克、白糖 300 克、茄汁 50 克、喼汁 25 克、精盐 20 克、山楂片 2 小片。

（　　）5. 用于勾芡的湿淀粉叫作芡粉。

（　　）6. 芡汤加入芡粉或味液加入芡粉调匀后便称作芡液。

（　　）7. 粤菜的芡色分红芡、黄芡、白芡、清芡、青芡、黑芡六大类。

（　　）8. 调味与勾芡同时进行的方式称为锅芡。

二、选择题：

1. 根据复合味的概念,糖醋排骨的味型属于(　　)。

A. 复合味　　　　　　B. 双合味　　　　　　C. 三合味　　　　　　D. 多合味

2. 以下关于菜肴香味的说法错误的是(　　)。

A. 有些香来自药材,能使菜肴具有一定的药性和抗菌性

B. 香味是令人产生食欲的第一因素

C. 香味是菜肴是否新鲜的标志

D. 香味影响着整个进食的过程

3. 把虾仁腌制好,(　　)是关键点。

A. 把虾肉洗干净,吸干水分

B. 选用优质的淀粉

C. 选用较大的虾为原料

D. 拌味后须冷藏一天

4. 调糖醋汁配方:白醋 500 克,(　　),喼汁 25 克,盐 20 克,山楂片 2 小包。

A. 白糖 500 克,茄汁 50 克

B. 白糖 300 克,茄汁 25 克

C. 白糖 300 克,茄汁 50 克

D. 白糖 500 克,茄汁 25 克

5. 以下对与芡有关的概念解释错误的是(　　)。

A. 在烹调中,把吸水的淀粉受热糊化所形成的柔滑光润黏稠的胶状物称为芡

B. 汁是指加入了淀粉但未加热糊化的液状物

C. 芡状是指芡的薄、厚、紧、宽等四种状态

D. 芡粉是指用于勾芡的湿淀粉

模块十六　拔丝、返沙系列菜

【烹调技法】

拔丝、挂霜烹调法

【学习目标】

1. 使学生理解拔丝、返沙的理论知识及菜肴的制作方法。

2. 通过"拔丝土豆、返沙芋头"的菜肴演示,使学生直观感受菜肴的制作过程和成菜特点,使学生进一步掌握拔丝、挂霜类菜肴的操作技能。

3. 通过理论讲解、菜肴示范、菜肴品尝、学生练习、成品展示、分组评价等交流活动,增强师生的感情交流和学生对专业的学习兴趣。

【技法介绍】

1. 拔丝:是将经油炸的原料表层均匀挂上熬制的糖浆,食用时能拔出糖丝来的方法。

拔丝分为:

(1)水拔

水拔法锅中加白糖和清水,用文火加热至糖溶化即移中火加热,待水分即将耗尽时转文火熬制,糖汁由稠变稀、色泽见黄、小泡落、大泡起、水分尽、糖汁变稠有香甜味时,即投入炸好的原料翻拌,均匀包裹糖果浆,出锅装入抹油的盘中。水拔色泽较浅,美观、甜香度较好。

(2)油拔

净锅放少许油,加白糖,置火上不停搅动,小火加热至糖溶化成浆,待糖汁由稠变稀、颜色变黄、出甜香味时,投入炸制的原料翻拌,均匀包裹糖浆,出锅装入抹油的盘中。油拔的色泽较深,甜香味较浓厚。

(3)水油拔

锅中先加底油少许,放入白糖,加入清水适量,文火加热,搅拌均匀,待水分汽化将尽,糖浆颜色见黄色、由稠黏变稀、出香甜味时,投入炸制的原料翻拌均匀,包裹糖浆,出锅装入抹油的盘中。水油拔的色泽适中,甜香度较好。

2. 挂霜:就是将蔗糖放入水中,先经加热、搅动使其溶解,成为蔗糖水溶液,然后在持续的加热过程中,水分被大量蒸发,蔗糖溶液由不饱和到饱和,然后离火,放入主料,经不停的炒拌,饱和的蔗糖溶液即黏裹在原料表面,因温度不断降低、冷却,蔗糖迅速结晶析出,形成洁白、细密的蔗糖晶粒,看起来好像挂上了一层霜一样。

【技法特点】

1. 拔丝特点:浅金黄色、甜香脆嫩、糖丝如缕。

2. 挂霜特点:裹糖粉均匀,粉糯香甜。

【实践案例 1】拔丝土豆

食材天地

土豆即马铃薯,马铃薯是中国五大主食之一,其营养价值高、适应力强、产量大,是全球重要的粮食作物。马铃薯含有大量碳水化合物,还含有 20% 蛋白质、18 种氨基酸、矿物质(磷、钙等)、维生素等。中医认为马铃薯性平、味甘无毒,能健脾和胃,益气调中,缓急止痛,通利大便。

成品要求

浅金黄色、甜香脆嫩、糖丝如缕。

工艺流程

选料→初步加工→挂浆→油炸→熬糖浆→倒入原料裹上糖浆→装盘→成品

烹调原料

原料:土豆 500 克

配料:发粉脆浆 200 克,白糖 200 克,花生油 1500 克。

制作程序

1. 土豆去皮,洗净改刀成 2 厘米见方的四方块。

2. 烧锅热油,加热至 120℃,将土豆裹上发粉脆浆后入油锅中炸至颜色金黄捞出沥油。

3. 锅洗净,留余油 10 克,随即放入白糖,保持中小火不停推炒,待糖溶化并呈琥珀色时,将土豆倒入,待糖浆均匀地裹上土豆时,即可盛入已装油的盘中,与凉开水碗同时上席即成。

温馨提示

1. 拔丝的原料主要是去皮、去核的水果、干果,蔬菜的块状根茎和少量的动物性原料。

2. 要求将原料加工成块、球、条状等小型形状。根据原料性质掌握好拍粉或挂浆的手法。

3. 要把握好炸制的火候,控制好油温和时间。

4. 要熬制好糖浆,准确把握熬制糖浆的火候,防止返砂和炒焦。

图 3—31

【举一反三】

拔丝芋头、拔丝马蹄、拔丝香蕉、拔丝莲子、拔丝地瓜、拔丝苹果、拔丝山药

【实践案例2】返沙芋头

返沙是潮州菜中的一种烹调方法,就是把砂糖融为糖浆,经冷却后又成为固体的糖粉。因为潮州人把白糖称为砂糖,所以返沙有"返回"、恢复砂糖原状之意。

食材天地

芋头:原产于印度,中国以珠江流域及台湾省种植最多,长江流域次之,主要品种有:红芋(又称红芽芋)、白芋(又称白芽芋)、九头芋(又称狗爪芋)、槟榔芋(广西称之为荔浦芋)等。芋头口感细软,绵甜香糯,营养价值近似于土豆,是一种很好的碱性食物。芋头可蒸食或煮食,但必须彻底蒸熟或煮熟。

【成品要求】

裹糖粉均匀,粉糯香甜

工艺流程

原料选择→芋头初加工→切条→炸制→煮糖→投料→返沙→成品

烹调原料

主料:芋头 500 克、香菜梗 10 克

调料:白糖 150 克、水 50 克、盐少许

制作程序

1. 将芋头去皮,用刀切成粗条,加盐稍腌底味,香菜梗切碎。

2. 将芋头入锅中炸熟至黄色捞出,吸干油分。

3. 净锅将糖和水一同倒入锅中,中慢火加热翻炒,待糖液浓稠至小泡套大泡同时向上冒起时熄火。

4. 倒入炸好的芋条和香菜梗,迅速用风扇对锅内吹风,翻炒至芋头条外缘起白霜,便可盛入盘中。

温馨提示

1. 必须吸去原料表面的油脂,以免挂不住糖霜。

2. 熬糖时,最好避免使用铁锅,可选用搪瓷锅、不锈钢锅等,以避免影响糖霜的色泽。

3. 糖和水的比例要掌握好,一般为3∶1,水放得太多,只是徒增熬糖时间。

4. 熬糖时,火力要小而集中。

5. 鉴别挂霜时机:一是看气泡,糖液在加热过程中,经手勺不停地搅动,不断地产生气泡,水分随之不断地蒸发,待糖液浓稠至小泡套大泡同时向上冒起、蒸汽很少时,正是挂霜的好时机;二是当糖液熬至浓稠时,用手勺或筷子蘸起糖液使之下滴,如呈连绵透明的固态片、丝状,即到了挂霜的时机。

6. 熬糖必须恰到好处。如果火候不到,难以结晶成霜。如果火候太过,一种情况是糖液会提前结晶,俗称"返沙";另一种情况是熬过了饱和溶液状态,蔗糖进入熔融状态达不到挂

霜的效果。

7. 当糖液熬至达到挂霜程度时,炒锅应立即离火,倒入主料,使糖液快速降温,结晶成糖霜。炒拌时,要尽可能使主料散开,糖液黏裹均匀。如果蔗糖结晶而原料粘连,应即时将原料分开。

8. 不可将其他调味料放入糖液中同熬,否则糖液将无法结晶。

图 3－32

【举一反三】

挂霜花生、挂霜腰果、返沙淮山药、返沙紫薯、返沙南瓜、返沙马铃薯。

【拓展知识】

蔗糖成丝的原理:拔丝所用蔗糖为白色晶体,溶解于水,溶解度随温度升高而增加,当温度上升到160℃时,蔗糖由结晶状态逐渐变为液态,黏度增加,如果温度继续上升至186℃时蔗糖骤然变为液体,黏度变小,此时温度即为蔗糖的熔点,是拔丝的最好时机。温度下降,糖液变稠,逐渐失去液体的流变性,当温度降到100℃时,糖就变成既不像液体,又不像固体的半固体状,可塑性很强,此时拉扯,即可出现丝丝缕缕的细糖丝,当温度下降,糖就由半液体状变成棕黄色的固体状,光洁透明。

【拓展实践】

每位同学练习一款拔丝菜式和返沙菜式。

【评价标准】

评价项目	考核要点	分值
评价标准	色:	20
	香:	20
	味:	30
	形:	20
	卫生:	10
总分		

【作业与思考】

1. 拔丝的操作要领有哪些?
2. 怎样才能掌握好油炸的温度?
3. 火力对原料的影响有哪些? 糖与主料的比例是多少?

第四篇　地方风味菜——珠三角地区

珠三角地区包括广州、深圳、珠海、佛山、江门、东莞、中山、惠州市区、惠东县、博罗县、肇庆市区、高要市、四会市。

模块一　广州地区风味菜

【地区概况】

广州：辖越秀区、东山区、海珠区、荔湾区、天河区、白云区、黄埔区、芳村区、花都区、番禺区、从化市、增城市。面积 7434.4 平方公里，常住人口 1270.08 万人。

【地区特产】

增城迟菜心、庙南粉葛、新垦莲藕、石楼禾虫、新造胡萝卜、从化山坑螺、从化黑鬃鹅、山坑鱼、苦竹笋、麻笋、军营菜、野芫菜、下沙节瓜、夏茅大顶苦瓜、棠东丝瓜、金山豆角、新滘龙须菜、泮塘莲藕、京塘莲藕、泮塘慈姑、泮塘马蹄、泮塘菱角、泮塘茭笋……

【风味菜点】

桂峰酿豆腐、流溪大鱼头、红葱头走地鸡、紫苏山坑螺、蒸炸山坑鱼、泥焗走地鸡、荷叶蒸石蛤、龙凤龟炖汤、中新客家焗鹅、荔枝柴烧鸡、砂锅鱼头煲、红烧大海鲤、香芋焖鹅、白切鸡、铁盘啫猪杂、水瓜芋煲、卤水蛇碌、牛奶火腿浸绍菜、牛奶浸手刮鱼皮角、南乳焗排骨、冰镇台湾凉瓜、白云猪手、柚皮啫鱼肠、帽峰山烧鸡、南沙封鹅、绿豆酿莲藕。

【实践案例1】白云猪手

白云猪手是广州名菜之一。皮爽肉脆，肥而不腻，酸甜可口，食而不厌，颇具特色。因泉水取自白云山，故名为白云猪手。

烹调原料

主料：猪前脚两只（1200 克）

配料：盐 40 克、白醋 1000 克、白糖 600 克、五柳料 75 克、姜小块、红椒两只、广东米酒适量

制作程序

1. 姜去皮切片，红辣椒切件，将适量水和白糖放入锅中煮溶，加入醋和盐制成糖醋汁，凉后加姜片和辣椒浸泡。

2. 猪手去净毛，蹄甲洗净，沸水煮约 30 分钟，清水漂约 2 个小时，斩成块，每块重约 25 克。

3. 另换水再次煮沸，调入盐、姜片、广东米酒，加入斩好的猪手，浸煮约 20 分钟，至六成

焖,将猪手捞起放入冰水中,冰镇约 1 个小时。

4.把冰过的猪手沥干水分,倒入糖醋盆中浸泡 6 小时以上。

5.把浸入味的猪手捞出摆碟,面上撒上五柳料和青红丝即成。

温馨提示

1.五柳料是用瓜英、锦菜、红姜、白酸姜、酸荞头制成。

2.猪手要先煮后斩件,以保持形状完整。煮后一定要漂净油腻。

3.煮猪手要掌控好时间,时间过长皮质不爽口,时间过短皮老韧。

4.煮猪手时调盐、姜、酒的主要作用是去除猪手异味。

5.糖醋里加入姜和辣椒起增加糖醋风味的作用。

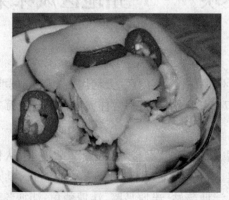

图 4—1

【实践案例 2】猪脚姜

又名姜醋,是广东妇女产后补身首选食品之一,猪脚姜醋的搭配,可增进食欲,健胃散寒,温经补血,是产妇最佳滋补汤水。醋能软化血管,对治疗高血压有辅助作用,姜有祛寒养肝的作用,猪脚含有一定的胶原蛋白,特别是当老人上了一定的年纪,身体开始虚弱,血压开始增长,肌肉也开始减少,猪脚姜对老人养生有一定的食疗作用。

烹调原料

主料:猪脚 1500 克、鸡蛋 15 只。

配料:八珍甜醋 3000 克、大肉姜 1000 克、冰糖及盐各适量。

工具:大肚子瓦煲一个。

制作程序

1.猪脚刮干净毛和去蹄甲,斩块,焯水捞出,漂洗,沥干水分。

2.鸡蛋冷水下锅,煮熟,取出剥壳。

3.姜刮皮洗干净,晾干水,用刀背拍裂后,切厚片。

4.姜用油炸稍干。

5.瓦煲洗净,放入姜、猪脚、甜醋煮开,调适量的盐和冰糖煮 20 分钟关火,泡一个晚上。第二天再煮开,放鸡蛋煮 15 分钟左右关火,不要搅动,再泡半天即成。

图 4-2

【拓展知识】

广州菜:涵盖的范围包括顺德、中山、南海、清远、韶关、湛江等地。

粤菜的特点:

工艺特点:1.选料广博奇杂精细,鸟兽蛇虫均可入馔。2.烹调技艺以我为主,博采中外为我所用。3.五滋六味,调味基础;因料施味,味型鲜明;惯用酱汁,浓淡相宜。

风味特点:1.菜肴注重良好的口感,讲究清、鲜、爽、嫩、滑,体现浓厚的岭南特色。2.烹调方法灵活运用,创新品种层出不穷。

【拓展实践】

每位同学推荐一款本地区风味特色菜,分组选择一款练习。

【评价标准】

评价项目	考核要点	分值
评价标准	色:	20
	香:	20
	味:	30
	形:	20
	卫生:	10
总分		

【作业与思考】

1.你所知道的广州地区比较受欢迎的特产是什么?

2.如果要请外地朋友吃饭,你打算推荐本地区什么风味菜给朋友们品尝?选择什么特产当手信?

模块二 佛山、中山地区风味菜

【地区概况】

1. 佛山：辖禅城、顺德、南海、三水、高明五区。总面积 3848 平方公里。常住人口 723.1 万。

2. 中山，古称香山。辖石岐、东区、西区、环城、中山港、五桂山 6 个街道，港口、三角、民众、南朗、三乡、坦洲、神湾、板芙、大涌、沙溪、横栏、古镇、小榄、东凤、南头、阜沙、黄圃、东升 18 个镇。面积 1770.42 平方公里，常住人口 314.23 万。

【地区特产】

盐步秋茄、罗村竹笋、里水金丝虾、佛山柱侯酱、和顺虾、三水黑皮冬瓜、乐平雪梨瓜、三水禾花雀、高明濑粉、石湾鱼脯、鱼皮角、九江双蒸酒、官窑马蹄、罗村竹笋、佛山扎蹄、双皮奶、石岐鸡、中山脆肉鲩、沙溪凉茶、石岐乳鸽……

【风味菜点】

佛山扎蹄、佛山公芝麻饼、大良野鸡卷、大良姜汁撞奶、凤饼、南海鱼生、大福饼、九江煎堆、高明吊烧鸡、水蛇羹、顺德鱼生、盐步秋茄宴、九江全鱼宴、小榄菊花宴、菊花炸鱼球、小榄菊花肉、椒盐水蛇、钵仔禾虫、子姜骨、蕉蕾粥、五香狗肉、南朗鸭粥、沙溪扣肉、鱼肠蒸蛋、菊花肉

【实践案例1】大盆鱼

烹调原料

主料：缩骨大头鱼 2000 克、沙虾 500 克、白贝 500 克、花蟹 8 只

配料：姜、葱、陈皮、干葱、辣椒、蒜子

调料：盐、味精、海鲜豉油、胡椒粉、麻油、花雕酒

制作程序

1. 缩骨大头鱼放血、打鳞、去鳃、去内脏冲洗干净，投入鱼汤中浸泡至仅熟，取出摆在大盆中间。

2. 沙虾用姜葱油盐水灼至仅熟取出拼摆在鱼的一面。

3. 白贝用姜葱油盐水灼至仅熟取出拼摆在盆的一面。

4. 花蟹排镬上加盖加花雕酒焗至熟拼摆鱼的另一面。

5. 姜、葱、陈皮、辣椒切丝拌匀。蒜子、干葱拍碎。

6. 把拼合的大盆鱼回笼蒸热取出，面上撒上拌好的姜葱丝、胡椒粉。

7. 烧镬下适量油加入蒜子、干葱，将炸出的油和蒜子、干葱淋在姜、葱、辣椒丝上，再淋上适量的海鲜豉油、麻油即成。

温馨提示

1. 缩骨大头鱼做出来的大盆鱼更加嫩滑。

2. 白贝和虾是大盆鱼必备的搭配。

3. 海鲜和羊肉烹煮更鲜美,也可以增加其他原料,如鲍鱼。

4. 按季节选择蟹最肥美的品种。冬天大盆加热保温更具风味。

图 4－3

【实践案例2】红烧石岐鸽

烹调原料

主料:石岐乳鸽 3 只

辅料:洋葱(干葱)、西芹、红萝卜、蒜子、十三香、八角粉、丁香粉、桂皮粉、甘草粉、砂姜粉、小茴粉

调料:麦芽糖、大红浙醋、花雕酒、盐、味精

制作程序

1. 乳鸽宰杀,冲洗干净。

2. 洋葱(干葱)、西芹、红萝卜、蒜子洗净切粒,拌入十三香、八角粉、丁香粉、桂皮粉、甘草粉、砂姜粉、小茴粉、盐、味精调成腌料。

3. 拌好腌料把乳鸽内外腌 35 分钟,取出热碱水洗去表皮油分,沥干水分。

4. 麦芽糖、大红浙醋、花雕酒调成糖水。乳鸽均匀淋上糖水,用鸡钩挂起晾干。

5. 烧热油把乳鸽浸炸至熟,表皮淋至皮色大红,取出斩件即可。跟淮盐、嗯汁上桌。

温馨提示

1. 根据腌料咸淡把控腌制的时间。

2. 乳鸽炸前把眼睛搓破以免炸时爆炸。

3. 根据乳鸽色泽掌控火候。

图 4-4

【拓展知识】

广府菜特点：

1. 选料精奇,用料广泛,品种众多;

2. 口味讲究清鲜、爽脆、嫩滑;

3. 制作考究,善于变化;

4. 擅长炒、泡、煽、煸、炸、烤、烩、煲、浸等技法;

5. 注重火候,追求锅气;

6. 广州菜的筵席菜品讲究规格和配套。

【拓展实践】

每位同学推荐一款本地区风味特色菜,分组选择一款练习。

【评价标准】

评价项目	考核要点	分值
评价标准	色:	20
	香:	20
	味:	30
	形:	20
	卫生:	10
总分		

【作业与思考】

1. 你所知道的佛山、中山地区风味菜有几道? 比较受欢迎的特产是什么?

2. 如果要请外地朋友吃饭,你打算推荐本地区什么风味菜给朋友们品尝? 选择什么特产当手信?

模块三 江门、肇庆地区风味菜

【地区概况】

1.江门:现辖蓬江区、江海区、新会区、台山、开平、恩平、鹤山。面积9504平方公里,人口391.8万。

2.肇庆:下辖端州区、鼎湖区、广宁、德庆、封开、怀集、高要、四会。面积1.49万平方公里,人口413.69万。

【地区特产】

新会陈皮、新会冬虫草、开平马冈鹅、恩平濑粉、广海咸鱼、广海芥蓝、盐水鹅头、七星岩鸡蛋花、肇实、德庆首乌、裹蒸粽、怀集燕窝、七星剑花、葵洞紫背天葵、广宁笋宴、广宁白芋梗、广宁竹虫、封开杏花鸡、麦溪鲤(鲩)、文庆鲤、肇庆裹蒸、封开杏花鸡、四会仙螺……

【风味菜点】

芋仔炆马冈鹅、回味猪手、顿鲜竹筒饭、茶山水浸鸡、双桥鱼蓉粥、江门鸭肝肠、冰镇凉瓜、开平狗肉、清蒸麦溪鲤、猪油渣花肉焖莲藕、古法焖麦溪鲩、清蒸文庆鲤、清蒸麦溪鲤、鼎湖上素……

【实践案例1】五味鹅

烹调原料

主料:汶村鹅1只3000克

配料:甘草、桂皮、大小茴香、陈皮、酸辣椒、咸柠檬、酸荞头、姜葱

调料:酱油、酸梅、冰糖、米酒、南乳、豉油膏、柱侯酱、盐、糖

制作程序

1.鹅宰杀洗净后,将肥油挖去,用生抽、南乳、盐、糖调成腌料,把鹅内外擦匀腌1个小时。

2.鹅放进油锅里煎或炸至表层略带金黄色。

3.将甘草、桂皮、大小茴香、陈皮、酸辣椒、咸柠檬、酸荞头、姜葱、酱油、酸梅、冰糖、米酒、南乳、豉油膏等熬成五味汁料。

4.把加工好的鹅放入五味汁料内小火把鹅焖约120分钟至熟至入味。

5.取出凉后斩件,淋上原汁即成。

温馨提示

1.酸梅酱是秘诀,酸度可用白醋调节。

2.选老鹅,无臊味,焖煮过程中注意翻动。

3.汶村农户有饲养鹅的习惯,鹅长得健硕肥壮,逢年过节,家家户户宰鹅祈福,宰鹅煮鹅在当地十分流行。制作成的鹅味道鲜美,嫩滑可口,酸、甜、咸、甘、辣五种味道和谐交融。

图 4 – 5

【实践案例】陈皮骨

烹调原料

主料:肉排 750 克。

配料:九制陈皮、干葱(洋葱)、芫荽梗、红萝卜、蒜子。

调料:姜汁酒、蜂蜜、盐、味精、糯米粉(粟粉)。

制作程序

1. 肉排斩段,加食粉 10 克拌匀腌渍 30 分钟,把肉排的碱味和血污漂洗干净,吸干水分。

2. 九制陈皮浸软切丝,干葱(洋葱)、芫荽梗榨汁,红萝卜、蒜子也分开榨汁。

3. 吸干水分的肉排加入适量的盐、蜂蜜、味精、姜汁酒,干葱、芫荽梗榨的汁和九制陈皮丝腌渍 6 个小时入味。

4. 腌入味的肉排调入适量的红萝卜汁和蒜汁,拌上少量的糯米粉,投入五成热的油温中炸至金红色捞出滤油装碟即可。

温馨提示

1. 食粉腌渍的排骨用清水反复冲洗,去掉血水,漂去碱味,使血水完全被沥干。

2. 加入各种调味料,腌制时间长才入味,排骨做出来才会喷香。

3. 炸前加入红萝卜和蒜汁可以使色泽更加金红。糯米粉或粟粉不宜过多,否则会影响色泽。

图 4 – 6

【拓展知识】

陈皮：就是我们吃的橘子的皮，将鲜的橘子皮晒干或晾干，放置的时间越久药效越强，因此叫它陈皮。中医认为陈皮味辛苦、性温，具有温胃散寒、理气健脾的作用。煮汤做菜时放些陈皮可以增加甘香味儿，还能利用它的药性，起到调节脾胃不适、改善食欲的作用。

【拓展实践】

分组抽签：根据地方的著名特产每组制作一款菜肴。

【评价标准】

评价项目	考核要点	分值
评价标准	色：	20
	香：	20
	味：	30
	形：	20
	卫生：	10
总分		

【作业与思考】

1. 你所知道的江门、肇庆地区风味菜有多少？比较受欢迎的特产是什么？

2. 如果要请外地朋友吃饭，你打算推荐本地区什么风味菜给朋友们品尝？选择什么特产当手信？

模块四　东莞、惠州地区风味菜

【地区概况】

1. 东莞：辖 4 个街道(莞城街道、南城街道、东城街道、万江街道)；28 个镇(石碣镇、石龙镇、茶山镇、石排镇、企石镇、横沥镇、桥头镇、谢岗镇、东坑镇、常平镇、寮步镇、大朗镇、黄江镇、清溪镇、塘厦镇、凤岗镇、长安镇、虎门镇、厚街镇、沙田镇、道滘镇、洪梅镇、麻涌镇、中堂镇、高埗镇、樟木头镇、大岭山镇、望牛墩镇)。面积 2465 平方公里，常住人口为 725.48 万人。

2. 惠州：现辖惠城区、惠阳区、惠东县、博罗县、龙门县。面积 1.13 万平方公里，总人口 380.27 万人。

【地区特产】

高埗洗沙鱼丸、鸭尾鱼包、麦芽糖柚皮、石碣龙眼、东莞荔枝、厚街腊肠、虎门麻虾、东坑糖不甩、东莞腊肠、虎门水鱼、虎门番荔枝、万江腐竹、东莞米粉……

【风味菜点】

"石龙第一鸡"奇香鸡、荔枝柴烧鹅、樟木头客家咸鸡、大朗榄酱炒饭、梅菜扣肉、乾坤蒸狗、娘酒鸡、金牌酿大肠、炒猪大肠、狗肉煲、小桂鱿鱼、龙汤苦笋煲、娘酒鸡、仙人菜干汤……

【实践案例1】蜜汁烤鳗鱼

烹调原料

主料:海鳗600克。

调料:盐、黑胡椒碎、味精、红葡萄酒、料酒、生抽、葱汁、蜂蜜、南乳、烧烤汁、叉烧酱、十三香、白芝麻各适量。

制作程序

1.海鳗拍晕放血,热水烫去滑潺,去除脊柱骨、内脏,切去头尾,剖上井字花纹,改成几大段,冲洗干净,吸干水分。

2.把盐、黑胡椒碎、味精、红葡萄酒、料酒、生抽、葱汁、蜂蜜、南乳、烧烤汁、叉烧酱、十三香调成烧烤酱汁。

3.把改好的鳗鱼加入适量的烧烤汁腌渍20分钟。

4.煎盘放油烧至5成热,放入鱼块,两面煎至呈黄色。

5.烤盘铺好锡纸,把鳗鱼段放在上面,用190℃左右烤10~20分钟(中途不时翻面并涂抹酱汁多次)。最后面上抹上少量蜂蜜,撒上芝麻。

6.取出凉后切块装碟即可。

温馨提示

1.鳗鱼具有补虚养血、祛湿、抗痨等功效。

2.鳗鱼富含多种营养成分,鳗是富含钙质的水产品,经常食用,能使血钙值有所增加,使身体强壮。

3.蜜汁烤鳗鱼是东莞水乡虎门的正宗美食。蜜汁烤鳗鱼味道鲜甜,而且鳗鱼肉本身爽口。

图 4 - 7

【实践案例2】客家娘酒鸡

烹调原料

主料:土鸡1只(750克)。

配料:客家娘酒500克、姜30克、葱1条、枸杞子10克。

调料:盐、糖、高汤各适量。

制作程序

1. 土鸡宰杀、去净杂毛,清除内脏冲洗干净,斩4厘米见方的小块。香葱切段,老姜拍破备用。

2. 炒锅下油放入老姜爆香后加葱段、鸡块和少许酒、糖翻炒,将鸡块表面煸成金黄色并微发干,加入娘酒和高汤,大火煮开后加入枸杞子倒至瓦罉加盖文火煲30~40分钟。

3. 上桌前用盐调味即可。

温馨提示

1. 姜一定要先爆香再加入其他,掌控好汤汁的量。

2. 根据鸡的老嫩程度调节火候。

3. 经过砂锅炖煮的客家娘酒鸡,娘酒的味道全部浸入鸡肉之中只有酒香没酒气。

4. 客家娘酒鸡是广东客家的经典名菜,它性温热而祛寒湿,鲜润浓香醇厚,并有开胃活血、补中益气的功效。它不但是产妇的进补必选,还是客家人在婚宴或寿宴等喜庆活动中的一道重要宴客菜。客家娘酒由糯米酿造,颜色呈粉红色或米黄色,它甘甜鲜美,略带淡淡的酒香。

图4-8

【拓展知识】

东莞:素有龙舟之乡、中国民间艺术之乡、举重之乡、粤剧之乡等美誉。东莞自己的著名品牌并不多,但是东莞在中国乃至世界工业的地位却举足轻重。如果东莞到深圳的高速公路塞车,全球将会有70%的电脑产品缺货。东莞的星级饭店达到96家,其中五星级饭店17家、四星级饭店25家。到目前为止,东莞市拥有五星级饭店的数量仅次于北京和上海。你了解东莞有多少?

【拓展实践】

分组抽签:每组分别选择东莞、惠州一款著名特产,制作本地方风味菜。

【评价标准】

评价项目	考核要点	分值
评价标准	色:	20
	香:	20
	味:	30
	形:	20
	卫生:	10
总分		

【作业与思考】

惠州大部分居民也是客家人,他们与梅州的客家人在饮食上有何区别? 到惠州吃饭,点什么菜才有特色?

模块五　深圳、珠海地区风味菜

【地区概况】

1. 深圳:下辖福田区、罗湖区、南山区、盐田区、宝安区、龙岗区,光明新区、龙华新区、坪山新区、大鹏新区。面积 1953 平方公里,常住人口 1046.74 万人。

2. 珠海:辖香洲区、斗门区、金湾区、横琴新区。面积 1711.24 平方公里,常住人口 156.76 万人。

【地区特产】

黄沙砚、沙井鲜蚝、西乡基围虾、南澳海胆、南山荔枝、南山甜桃、光明乳鸽、石岩沙梨、龙岗三黄鸡、南澳鲍鱼、斗门南美白对虾、斗门河虾、虎山乌鱼、金湾三黎鱼、东澳石班……

【特色菜点】

公明烧鹅、观澜狗肉、西堤牛排、脆皮吊炸龙岗鸡、粉丝元贝、深圳笼仔饭、深圳酱猪手、桥底炒辣蟹、芝士香蚝……

【实践案例1】蒜蓉粉丝元贝

烹调原料

主料:元贝 12 只

配料:粉丝、蒜肉、青红辣椒、葱

调料:盐、味精(鸡精)、胡椒粉、麻油、生粉、油。

制作程序

1. 元贝洗净挖去肠肚,用刷子把贝壳刷干净,沥干水分。

2. 粉丝先用清水泡软,倒掉清水后加入热水泡两分钟至半熟,剪成约5厘米长。

3. 蒜一半捣蒜泥,一半剁成蒜蓉,青红椒切粒,葱切葱花。

4. 蒜蓉焯水炸成金黄色至香,加入蒜泥、盐、味精(鸡精)、胡椒粉、麻油调匀后烧适量热油冲入,加少许生粉、椒粒拌匀。

5. 粉丝调少量蒜料和匀,摆在元贝底部,摆上元贝,每只元贝面上放上调好味的蒜料。

6. 水开上笼蒸6~8分钟,打开盖放上葱花,淋上熟油再蒸10秒钟钟取出即可。

温馨提示

1. 蒜料用金银蒜味道更香。加上椒粒、葱花色彩更加鲜艳。

2. 元贝放在粉丝面上更显美观。

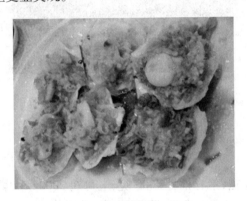

图4-9

【实践案例2】绿豆酿莲藕

烹调原料

主料:白藤莲藕、去衣绿豆

配料:白卤水

制作程序

1. 将去皮绿豆洗净,加水浸泡2个小时。

2. 莲藕去皮洗净。将莲藕靠近顶端的地方用刀切断。

3. 将浸泡好的绿豆灌入莲藕的孔中,一边灌一边用筷子压实。

4. 将切下来的莲藕盖子扣回原来的位置上,四周用牙签固定。

5. 放入白卤水中加盖文火煮60分钟。

6. 将莲藕取出切成片即可。

温馨提示

1.要尽量做到每个藕孔都放入绿豆,可以用筷子往孔里扎,使绿豆填充更均匀。

2.选择莲藕要选肉厚、粉色的那种,做这款菜一定要用肉色发粉的藕才好吃。

3.加入卤水煮,又香又粉。

4.选择莲藕时用指甲尖刮破藕皮,白汁是脆藕,黄汁是粉藕。

5.莲藕能活血化瘀,素有"血管的通乐"之称,食疗价值高。生食可以凉血;熟食则具有补血、安心神等功效。莲藕四季均有上市,以夏、秋季的为好,夏天的称为"花香藕",秋天的称为"桂花藕"。

图 4—10

【拓展知识】

白卤水

原料:A. 清水 25 000 克,猪脊椎骨 5000 克,老母鸡 2000 克,棒子骨 5000 克;B. 甘草 35 克,香叶 10 克,桂皮 20 克,草果 6.5 克,陈皮 10 克,砂姜片 10 克,大料 5 克,花椒 5 克,白胡椒 15 克;C. 冰糖 200 克,精盐 1000 克,味精 25 克,花雕酒 500 克,白酱油 50 克,瑶柱 10 克

【拓展实践】

根据地方著名特产每组制作一款菜肴。

【评价标准】

评价项目	考核要点	分值
评价标准	色:	20
	香:	20
	味:	30
	形:	20
	卫生:	10
总分		

【作业与思考】

1.你所知道的深圳、珠海地区比较受欢迎的特产是什么?

2.如果要请外地朋友吃饭,你打算推荐本地区什么风味菜给朋友们品尝?选择什么特产当手信?

第五篇　地方风味菜——粤西地区

粤西包括湛江、茂名、阳江、云浮地区。

模块一　湛江、茂名地区风味菜

【地区概况】

1. 湛江:辖吴川市、雷州市、廉江市、徐闻县、遂溪县、赤坎区、霞山区、坡头区、麻章区、湛江市经济技术开发区,岛屿有:东海岛,南三岛,硇洲岛,特呈岛,调顺岛等。面积13 225平方公里,人口为777.77万人。

2. 茂名:现辖茂南区、茂港区,滨海新区、电白县,高州市、化州市、信宜市。面积11 459平方公里,人口为581.77万人。

【地区特产】

徐闻对虾、雷州黄牛、徐闻山羊、徐闻马友鱼、遂溪极品番薯、湛江金钱鳖肚、湛江虾、吴川麻鸭、吴川海蜇皮、高州香蕉、电白咸虾酱、信宜山楂、高州生菜包、高州元肉、怀乡三黄鸡……

【风味菜点】

大鱼汤、清煮花蟹、海马瑶柱粥、电白盐焗鸡、化州香油鸡、隔水蒸鸡、雷州狗肉煲、盐焗奄仔蟹、塘蓬镇生炆猪肉、石角扣肉、高州地胆头胡鸭汤、电白白切狗、电白清煮花蟹、电白电城炸鱼……

【实践案例1】白切鸭

烹调原料

主料:鸭1250克(细骨农家鸭)

辅料:大肉姜

调料:鸭汤

蘸汁:豉油、蒜蓉、砂姜蓉、芝麻、炸花生碎、芫荽

制作程序

1. 鸭汤材料加入生姜(洗净拍扁),煮开40分钟后成为浸鸭的卤汤。

2. 鸭子宰杀干净,焯水,捞起冲洗干净,沥干水分。

3. 手拿着鸭颈,投到烧至微沸的鸭汤里浸入汤水再倒出,重复三次,让内外水温均匀,浸约30分钟至鸭子熟后捞出,晾凉斩件。

4. 用豉油、蒜蓉、砂姜蓉、芝麻、炸花生碎、芫荽调成蘸汁同上。

温馨提示

1. 所选鸭均为本地细骨农家鸭。

2. 鸭要求慢火浸,关火后可浸一段时间,使香味充分入味。

图 5 - 1

【实践案例2】盐焗奄仔蟹

烹调原料

主料:螃蟹 3 只。

辅料:姜、葱适量,海盐 1000 克、面粉 500 克、蛋白 300 克。

调料:花雕酒 100 克。

制作程序

1. 螃蟹清洗干净,加花雕酒、姜、葱腌 10 分钟。

2. 海盐打成粉状加入面粉、蛋白和匀成面糊状。

3. 把蟹包上盐面糊后,放烘烤盆用 200℃烘烤约 18 分钟。

4. 取出后用工具打破包在蟹上的盐饼即可。

温馨提示

1. 奄仔蟹也叫姑娘蟹或者处女蟹,是未受精的雌蟹,肉比较多,膏很肥,味道甘香鲜美。

2. 蟹在焗之前用酒醉晕,以免焗时掉脚。

3. 焗的时间可依据螃蟹的大小来定。

图 5 - 2

【拓展知识】

鸭汤原料:生姜250克,草果10克,砂姜25克,陈皮15克,桂皮20克,香叶5克、白芷15克、甘草10克,盐250克,味精150克,头曲酒100克、水15千克。

【拓展实践】

了解湛江、茂名地区特产,每组根据地方特产制作一款菜式。

【评价标准】

评价项目	考核要点		分值
评价标准	色:		20
	香:		20
	味:		30
	形:		20
	卫生:		10
总分			

【作业与思考】

1. 你所知道的湛江、茂名地区风味菜有几道? 比较受欢迎的特产是什么?

2. 如果要请外地朋友吃饭,你打算推荐本地区什么风味菜给朋友们品尝? 选择什么特产当手信?

模块二 阳江、云浮地区风味菜

【地区概况】

1. 阳江:辖江城区、海陵岛经济开发试验区、高新技术开发区、阳东县、阳西县、阳春市。面积7813.4平方公里,总人口282.81万人。

2. 云浮:辖云城区、新兴县、云安县、郁南县、罗定市。面积7779.1平方公里,人口272.68万人。

【地区特产】

阳江姜豉、闸坡鱼丸、东平鱼翅、东平鱿鱼、春砂仁肚条、春湾香芋、阳江黄鬃鹅、新兴排米粉、郁南无核砂糖橘、罗定皱纱"鱼腐"、罗定豆豉、托洞腐竹……

【风味菜点】

阳西焖竹笋、儒洞白斩鸭、墨鱼饼、阳西烤茄子、阳西蒸禾虫、阳西炖猪肉、春砂仁鲫鱼汤、马鲛鱼饭、六祖素斋之罗汉斋……

【实践案例1】香芋腊鸭煲

烹调原料

主料：腊鸭半只300克。

配料：芋头400克，陈皮、姜、葱各适量。

调料：盐、糖、酒、生抽、麻油适量。

制作程序

1. 芋头削皮洗净切成小菱形块，下油锅炸熟。

2. 腊鸭蒸熟，斩块。

3. 姜切大片、葱切段、陈皮浸发后切丝。

4. 起锅下姜片、葱段、腊鸭肉、陈皮丝，烹酒和生抽、加糖爆炒出香味后加适量的汤水，焖煮约8分钟后加入炸熟的芋头一起焖约几分钟，适当调味，收汁加几滴麻油和葱段上煲即可。

温馨提示

1. 腊制品的初加工首先要蒸熟后才能显现出腊制品的特殊风味。

2. 芋头若不用炸的方法也可用油炒的方法加工。

3. 注意掌控好汤汁的分量和火候的运用。

图5-3

【实践案例2】圆笼糯香骨

烹调原料

主料：肉排500克。

配料：糯米150克，鸡蛋1只，葱粒、青红椒粒各适量。

调料：精盐、糖、味精、蒜蓉酱、排骨酱、芝麻酱、花生酱、豉油膏、蚝油、胡椒粉、生粉、麻油、料酒、嫩肉粉等适量。

制作程序

1. 糯米淘洗净后泡涨。

2. 肉排斩成约 3 厘米块,充分冲洗干净血水,沥干水分。

3. 沥干水的肉排加精盐、糖、味精、蒜蓉酱、排骨酱、芝麻酱、花生酱、豉油膏、蚝油、胡椒粉、麻油、料酒、嫩肉粉拌匀腌渍 15 分钟,再加入鸡蛋、生粉拌匀。

4. 拌好味的排骨逐一裹匀糯米,摆入小笼中,蒸熟后取出,撒上葱花、青红椒粒即成。

温馨提示

1. 排骨斩块要大小均匀,这样成熟度才统一。

2. 糯米浸泡时间要 2 个小时左右,如果泡的时间不够,蒸的时间会过长。

3. 小蒸笼用荷叶垫底蒸出的菜肴更具风味。

图 5—4

【拓展知识】

板鸭:板鸭是以鸭子为原料的腌腊食品。全国有四大品牌板鸭,分别是江苏南京板鸭、福建建瓯板鸭、江西南安板鸭、四川建昌板鸭。

【拓展实践】

根据本地区特产,各组分别制作一款菜肴。

【评价标准】

评价项目	考核要点	分值
评价标准	色:	20
	香:	20
	味:	30
	形:	20
	卫生:	10
总分		

【作业与思考】

1.你所知道的阳江、云浮地区风味菜有几道？比较受欢迎的特产是什么？

2.如果要请外地朋友吃饭，你打算推荐本地区什么风味菜给朋友们品尝？选择什么特产当手信？

第六篇　地方风味菜——粤东地区

粤东包括汕头、潮州、揭阳、汕尾、梅州、河源。

模块一　潮州、汕头地区风味菜

【地区概况】

潮州:辖湘桥区、潮安区和饶平县。面积3600.9平方公里,人口为249.59万人。

汕头:辖澄海区、龙湖区、金平区、达濠区、潮阳区、潮南区、南澳区。面积2179.95平方公里,人口532.88万人。

【地区特产】

饶平狮头鹅、手捶牛肉丸、高堂菜脯、大澳珠蚶、九制陈皮、橄榄菜、潮汕贡菜、潮州柑、潮州沙茶酱、潮汕膏蟹、华阳生姜、潮汕鱼露、南澳牡蛎、南澳石斑鱼……

【风味菜点】

芙蓉官燕、千禧麒麟鱼、潮州烤鳗、潮州溪口卤鹅、茶香鸡、潮州卤味、蚝仔烙、护国菜、返沙芋头、明炉竹筒鱼、南乳白鳝球、五彩焗鱼、凉冻蟹钳、银杏水鱼……

【实践案例1】蚝仔烙

【烹调原料】

主料:鲜蚝仔250克,鸭蛋3个。

配料:青蒜20克,薯粉75克,熟猪油150克。

调料:味精5克,鱼露5克,胡椒粉、葱姜蒜粉适量。

【制作程序】

1. 蚝肉用水冲干净,鸭蛋去壳打散待用。青蒜切成细粒。

2. 薯粉加入少量水调成粉浆,然后把蚝肉、青蒜倒入粉浆中,加入葱姜蒜粉、胡椒粉、鱼露、味精,搅拌均匀待用。

3. 煎锅加入猪油烧热,把蚝浆舀入煎锅内,再把鸭蛋淋在上面,加入猪油煎至金黄色,用铁勺在锅里把蚝烙切断分块,翻另一面煎至上下两面酥脆,并呈金黄色即可。

温馨提示

1. "蚝烙"的酱碟是沙茶加鱼露。

2. 煎"蚝烙"如单纯用薯粉,口感柔软,但较难成形,如要"蚝烙"较硬,可给鲜蚝加入适量粳米粉。

3. 蚝烙入口时表皮香酥,白玉般的蚝仔更是滑嫩鲜美无比,别有风味。

图 6 - 1

【实践案例 2】 干炸虾枣

烹调原料

主料:虾肉 400 克。

配料:火腿 10 克,肥肉 50 克,韭黄 15 克,鸡蛋 75 克,荸荠 75 克,干面粉 50 克。

调料:精盐 5 克,味精 5 克,花椒粉 0.5 克,胡椒粉 0.5 克,芝麻油 0.5 克。

制作程序

1. 将虾肉洗净,吸干水分,剁成虾泥。

2. 火腿、肥肉、韭黄、荸荠均切成粒。

3. 瓦钵装盛虾泥,加入精盐、味精、花椒粉打起胶,加入鸡蛋液、火腿、肥肉、韭黄、荸荠等拌匀后,下干面粉拌匀成馅料。

4. 起锅下油烧至四成热,端离火口,把馅料挤成枣形(每粒约重 20 克),放入油锅后端回炉上,浸炸约 10 分钟呈金黄色至熟,倒入笊篱沥去油。

5. 将麻油、胡椒粉放入炒锅,倒入虾枣炒匀上碟即成。

6. 食时佐以潮汕甜酱或桔油。

温馨提示

1. 虾枣一般配酸甜料围边。

2. 形状似大枣,香爽鲜美。

图 6 - 2

【拓展知识】

潮菜的特色:

1. 潮菜用料讲究,力求鲜活,按照规格、季节严格选择原料。

2. 潮菜注重刀工,拼砌整齐美观。

3. 主要烹调方法有焖、炖、烙(煎)、炸、炊(蒸)、炒、泡、煸、扣、清、淋、焯、烧、卤等十几种,其中焖、炖及卤制品与众不同。

4. 潮州菜的汤菜功夫独到,菜肴口味清醇,烹调中注重保持原料鲜味,偏重香、鲜、甜。

5. 潮菜的烹调特色还可用"三多"来概括:"一多"是指烹制海鲜品种多,以烹制海鲜见长。"二多"是指素菜品种多,素菜荤做。"三多"是指甜菜品种多。甜菜分"清甜"、"浓甜"两类。

6. 潮菜的筵席喜欢点十二道菜,其中包括甜、咸点心各一款,而且有两道甜菜,一道做头甜,一道押席尾,叫尾甜。头道是清甜,尾菜是浓甜。

【拓展实践】

每组选择一款潮汕地区风味菜式练习。

【评价标准】

评价项目	考核要点	分值
评价标准	色:	20
	香:	20
	味:	30
	形:	20
	卫生:	10
总分		

【作业与思考】

1. 你所知道的潮州、汕头地区比较受欢迎的特产是什么?

2. 如果要请朋友吃饭,你打算推荐本地区什么风味菜给朋友们品尝? 选择什么特产当手信?

模块二　揭阳、汕尾地区风味菜

【地区概况】

揭阳:辖榕城区、揭东区、惠来县、揭西县、普宁市。面积 5240.5 平方公里,人口为

661.79万人。

汕尾:辖陆丰市、海丰县、陆河县。面积5271平方公里,人口340.61万人。

【地区特产】

大洋苦笋、河婆擂茶、埔田竹笋、惠来菜脯、神泉鱼丸、阳西芥菜、阳夏冬瓜、普宁豆酱、东寮槟榔芋、揭阳酱油、惠来靖海鲍鱼、陆河坑螺、陆丰玻璃鱿鱼、陆丰血蚶、陆丰虾蛄……

【风味菜点】

炸姜薯卷、脆皮豆腐、普宁豆酱鸡、护国菜、咸菜尾煮凤虾、芹菜炒鳗杂、咸菜扣肉煲、隆江猪脚……

【实践案例1】普宁炸豆腐

烹调原料

主料:普宁豆腐400克。

配料:韭菜、蒜蓉适量。

调料:油、鱼露、盐、米醋。

制作程序

1.韭菜洗净切成细末,豆腐切成三角块。

2.起镬烧油至160℃,放入豆腐块,炸至皮色金黄且脆捞出,用厨房纸吸干余油。

3.取一小碗,加入韭菜末和盐,凉开水调匀,做成蘸料。或用鱼露、蒜蓉、醋等调成蘸汁。

温馨提示

1.往热油中撒盐,可避免炸豆腐时油花四溅。

2.豆腐放入油中后,不能过早翻动,应待豆腐炸至微黄稍硬,才可翻动。

3.普宁豆腐的油炸时间不宜太长,炸至豆腐变硬便可。

4.正宗的普宁炸豆腐是用韭菜盐水做蘸料。

图6-3

【实践案例2】甲子鱼丸

烹调原料

主料：青鱼肉 1000 克。

配料：蛋清 3 个，清水、湿淀粉、葱姜汁适量。

调料：精盐 10 克、味精 10 克、熟猪油 50 克。

制作程序

1. 鱼肉刮鱼青，加精盐、味精用三角铁打成有弹力的鱼胶。

2. 鱼胶加清水、生粉，顺着一个方向搅拌，搅至有黏性时，用手试挤一个鱼丸，放入冷水中，如能浮起，随即在鱼胶中加入搅打成泡沫状的蛋清、熟猪油顺一个方向搅成鱼丸料子。

3. 用手将料子挤成鱼丸放入温水锅中，加火煮微沸，撇去浮沫，大约煮 5 分钟。用漏勺将鱼丸捞出，凉水浸凉即成。

温馨提示

1. 选用胶性大的鱼类，原料新鲜，工序细致。

2. 想要鱼丸有弹性，要将鱼肉朝一个方向搅上劲，温水下锅，保持水不要沸腾。

图 6-4

【拓展知识】

揭阳菜：以烹饪海鲜见长，汤菜、甜菜、素菜也各具特色。海鲜：皆以新鲜海族为原料，清鲜甜美。汤菜：清纯鲜美、原汁原味。甜菜：甜腻相宜甘香可口。素菜：素菜荤做、香烂软滑、素而不斋，是广东素菜类的代表。揭阳菜除了注重刀工、拼砌精巧、造型赏心悦目外，还很讲究调味，每菜必配相应酱料佐食。

海陆丰地区的饮食习惯与闽南接近，同时又受广州地区的影响，渐渐地汇两家之所长，味尚清鲜。爱用鱼露、沙茶酱、梅糕酱、红醋等调味品，风味自成一格。

【拓展实践】

每组选择一款揭阳、汕尾地区风味菜式练习。

【评价标准】

评价项目	考核要点	分值
评价标准	色：	20
	香：	20
	味：	30
	形：	20
	卫生：	10
总分		

【作业与思考】

1. 你所知道的揭阳、汕尾地区比较受欢迎的特产是什么？

2. 如果要请朋友吃饭,你打算推荐本地区什么风味菜给朋友们品尝？选择什么特产当手信？

模块三　梅州、河源地区风味菜

【地区概况】

1. 梅州:辖梅江区、梅县区、大埔县、丰顺县、五华县、平远县、蕉岭县、兴宁市。行政面积1.5925 万平方公里,人口为 521.35 万人。

2. 河源:辖龙川、紫金、连平、和平、东源、源城区。面积 1.58 万平方公里,常住人口295.3 万人。

【地区特产】

新桥腐竹、双华板栗、汤南菜脯、五华三黄鸡、平远香菇、梅干菜、客家鱼丸、客家牛肉丸、梅县麦芽糖、平远梅干菜、大埔豆腐干、龙川鱼干、紫金椒酱、和平香菇、河源米粉……

【风味菜点】

五华酿豆腐、客家盐焗鸡爪、兴宁盐焗鸡、百侯薄饼、百花酿香芋、杂锦豆腐煲、营富炖鸡、客家酿三宝、醋熘鱼、蘸仔鸭、红菌豆腐、五华生鱼脍、客家盆菜、惠州西湖醋鱼、梅菜扣肉、客家红焖肉、客家烧鲤、客家娘酒鸡、客家猪肚包鸡……

【实践案例1】客家清炖鸡

烹调原料

主料:宰净土鸡 750 克。

配料:当归片 4 片、红枣 6 枚、党参 10 克、北芪 5 克、枸杞子 3 克、料酒 10 克、陈皮小块,姜块、葱条各适量。

调料:粗盐 15 克、鸡精粉 5 克、茶油(花生油)适量。

制作程序

1. 宰净土鸡斩去鸡脚,用粉碎粗盐、鸡粉和茶油拌匀,内外搓揉 20 分钟。

2. 把拍碎的姜块、葱条、去核的红枣,切碎洗净的党参、北芪、当归、枸杞子、陈皮以及料酒拌匀,一起塞入鸡肚子,肚子朝上放盆中,封保鲜膜,冷藏 2~4 个小时。

3. 取出隔水蒸炖 2 个小时原只上桌即成。

温馨提示

1. 清炖鸡不需加任何汤水,且加盖炖。

2. 翅尖、鸡脚、脂肪去干净。

3. 用粗盐和茶油腌鸡更具特殊风味。

图 6-5

【实践案例 2】紫金八刀汤

烹调原料

主料:猪心、猪肺、猪肝、猪粉肠、猪腰、猪隔山衣、猪舌头、前朝肉。

配料:姜、葱。

调料:盐、米酒、胡椒粉。

制作程序

1. 用猪心、猪肺、猪肝、猪粉肠、猪腰、隔山衣、猪舌头、前朝肉焯水。葱切葱花。

2. 焯过水的猪心、猪肺、猪肝、猪粉肠、猪腰、隔山衣、猪舌头、前朝肉加入水、姜、米酒,中慢火煲约 2 个小时。

3. 将煲够火肉码切件,加入原汤水,调盐和胡椒粉,撒上葱花即可。

温馨提示

1. 以蓝塘猪为代表的客家猪为主,在猪的身上挑选出猪心、猪肝、猪肺、猪舌、猪腰、粉肠、隔山衣(猪膈膜)、前朝肉各切一份(八刀),故名八刀汤。

2. 猪心、猪肺、猪肝、猪粉肠、猪腰、隔山衣、猪舌头、前朝肉一定要新鲜。

3. 客家菜的胡椒味要比较重。

图 6 - 6

【拓展知识】

客家菜的特点:

1. 主料突出,朴实大方,善烹禽畜肉料。

2. 口味上偏于浓郁,重油,主咸,偏香。

3. 砂锅菜很出名,具有浓厚的乡土气息。

【拓展实践】

每组选择一款梅州、河源地区风味菜式练习。

【评价标准】

评价项目	考核要点	分值
评价标准	色:	20
	香:	20
	味:	30
	形:	20
	卫生:	10
总分		

【作业与思考】

1. 你所知道的梅州、河源地区比较著名的特产是什么?

2. 如果要请朋友吃饭,你打算推荐本地区什么风味菜给朋友们品尝? 选择什么特产当手信?

第七篇　地方风味菜——粤北地区

粤北包括韶关、清远地区。

模块一　韶关地区风味菜

【地区概况】

韶关:辖浈江区、武江区、曲江区、仁化县、始兴县、翁源县、新丰县和乳源瑶族自治县,乐昌市、南雄市。面积1.86万平方公里,人口279.14万。

【地区特产】

张溪香芋、曲江马坝油粘、新丰佛手瓜、南雄板鸭、曲江火山粉葛、丹霞竹荪、乳源大布荷兰豆、乳源三角鲂鱼、乐昌北乡马蹄、新韶镇无渣粉葛、始兴顿岗马蹄、瑶山烟肉、韶关高盛白菜、高盛菜心⋯⋯

【风味菜点】

南雄酸笋鸭、南雄红烧嫩猪肉、家乡炒辣菜、龙归冷水肚、翁源花雕莲藕、廊田椒盐蚕蛹、香芋腊猪手煲、爆炒山坑螺、丹霞山豆腐、丹霞臭豆豉鱼、仁化扣黑山羊、新丰灵芝毛桃汤、五指香鸡⋯⋯

【实践案例1】南雄酸笋鸭

烹调原料

主料:鸭子1只。

配料:酸笋、姜、蒜苗、青红辣椒、陈皮各适量。

调料:油、盐、米酒、酱油、糖、味精各适量。

制作程序

1.鸭子宰杀干净斩块。酸笋抓洗干净炒干。蒜苗切段,姜、青红椒切片。

2.把锅烧热,把鸭块放进锅里,不要加任何调料煸炒,把鸭块炒至变色,把炒出来的水和油倒掉,把鸭块捞起来。

3.下油热锅,放姜稍炒,加入半熟的鸭块、料酒、酱油、盐、糖、陈皮、辣椒、酸笋一起翻炒,直至把鸭肉炒至金黄,加汤水至没面,加盖焖至水干加入蒜苗、味精炒匀即可。

温馨提示

1.鸭子有腥味,用煸炒这道工序去除腥味很重要。

2.酸笋鸭要隔餐吃才更入味。

3.酸笋的酸味和辣椒的辣味尝起来更是别有滋味。

图7-1

【实践案例2】龙归冷水肚

烹调原料

主料:猪肚1000克

配料:枧水20克,生姜、葱、芹菜、熟芝麻、料酒各适量。

蘸汁:酸辣汁或砂姜油汁

制作程序

1.先将猪肚洗净,撕去油脂,再将猪肚翻转,入沸水锅中略烫,用刀刮净猪肚上白膜。

2.用枧水、清水淹过猪肚,腌渍猪肚40分钟,猪肚和枧水加热灼至猪肚有爽脆感,漂清碱味。

3.将经过初加工的猪肚放入清水锅中,加入生姜、葱、芹菜和料酒,盖上锅盖煮约40分钟即可。

4.将煮好的猪肚捞出,放入冷开水中浸泡5~6个小时,直至猪肚色白涨大。

5.将冷水泡好的猪肚捞出,控干水分,用刀片成厚片装盘,再将酸辣汁或砂姜油汁淋在猪肚上,最后撒上熟芝麻,即成。

温馨提示

1.煮猪肚时只能用武火,而不能用文火,这样才能使猪肚膨胀增大。

2.猪肚要煮至手掐猪肚富有弹性,竹筷能插入猪肚时,即证明火候恰到好处。

3.冷水泡的时间一定要够,只有使猪肚的吸水达到饱和程度,才能使成菜丰厚饱满,色泽更白,口感更好。

4.酸辣汁:将胡椒粉、姜汁、大红浙醋、美极鲜酱油、鱼露、味精、红油、蒜油、香油等放在一起,调匀即成。

砂姜油汁:将砂姜粉、蚝油、姜汁、味精、鸡精、香油、熟花生油放在一起,调匀即成。

图 7-2

【拓展知识】

韶关菜特色:韶关是多民族聚居的地区,有壮、回、满、蒙、苗、白、侗、土家等三十多个少数民族,因而菜肴也风味各异,博采众家之长。韶关物产丰盛,乐昌芋头、火山粉葛、乳源酸笋、翁源莲藕、南雄腊味等都是当地的优质材料。而当地的食材烹饪,也不加味精少用酱汁,多采用香叶香草,并以姜葱为主料带出材料味道,甚有特色。韶关以野味闻名,另外南雄的菜有咸、辣、香、酸四大味,多用炒、焖使肉入味,善用辣椒、酸笋、蒜叶来调味,味感丰富,满桌的菜色香俱佳。

【拓展实践】

每组选择一款韶关地区风味菜式练习。

【评价标准】

评价项目	考核要点	分值
评价标准	色:	20
	香:	20
	味:	30
	形:	20
	卫生:	10
	总分	

【作业与思考】

1. 你所知道的韶关地区比较著名的特产是什么?

2. 如果要请朋友吃饭,你打算推荐本地区什么风味菜给朋友们品尝?选择什么特产当手信?

模块二　清远地区风味菜

【地区概况】

清远:辖清城区、清新区、佛冈县、阳山县、连南瑶族自治县、连山壮族瑶族自治县、英德市、连州市。总面积1.9万平方公里,户籍人口约403万。

【地区特产】

清远麻鸡、清远乌鬃鹅、清远骆坑笋、凝碧湾河虾、蓝山竹笋、袁屋香芋、九龙豆腐、连山梅洞肉姜、连山太保白果、阳山淮山、阳山鸡、阳山板栗、连州东陂腊乳狗、九龙镇豆腐、浸潭山坑鱼仔、浸潭山坑螺……

【风味菜点】

白切清远鸡、吊烧清远鸡、母鹅煲、老鸡煲、洲心烧肉、清远洲心大粥、大湾菜包、东乡蒸肉、紫苏蒸田螺、壮家酥鸡、白切阳山鸡……

【实践案例1】竹山粉葛土猪肉

烹调原料

主料:高岗土猪五花肉400克

配料:竹山粉葛(无渣粉葛)400克,姜、蒜苗各适量。

调料:红糖、八角、香叶、姜、腐乳、米酒、生抽、老抽、盐、味精、油各适量

制作程序

1.将土猪五花肉洗净,用水煮透,切大块。

2.竹山粉葛去皮切大块。

3.净锅起油下姜,下土猪五花肉、竹山粉葛,再调入米酒、红糖、八角、香叶、腐乳、生抽、盐等炒出香味,加汤水过肉面老抽调色,加盖文火焖至肉焾,加入蒜苗、味精,收汁即可。

温馨提示

真假土猪肉的辨别:

1.看肉皮厚薄。土猪肉皮在0.4~0.5厘米间,杂交饲料猪皮多在0.3厘米内。

2.看肉色深浅。土猪的瘦肉颜色深红,杂交饲料猪的瘦肉颜色较淡甚至发白。

3.看皮下脂肪厚薄。土猪皮下肥膘一般在4~5厘米间,而杂交饲料猪一般只有1~2厘米。

4.看毛孔大小。土猪毛孔粗大,杂交饲料猪则毛孔细小,甚至不十分明显。

图 7 – 3

【实践案例 2】老鹅煲

烹调原料

主料：清远乌鬃鹅 1 只。

配料：蒜苗、桂皮、小茴、生姜、辣椒、沙姜、八角、香叶、陈皮、草果、甘草各适量。

调料：黄豆酱、酱油、米酒、盐、片糖、红烧酱各适量。

制作程序

1. 乌鬃鹅宰杀干净，斩块。

2. 起镬加入鹅块干炒，多余的汁水和鹅油铲掉，倒出沥干水分。

3. 重起镬把生姜炒干，加入鹅块放入桂皮、小茴、生姜、沙姜、八角、香叶、陈皮、草果、甘草、黄豆酱、酱油、米酒、盐、片糖、红烧酱炒出香味，调入过面汤水，中慢火焖 1 个小时，熟透后加入蒜苗、辣椒件，调色翻熟即可。

温馨提示

1. 焖鹅的时间根据鹅的老嫩程度掌握。

2. 鹅要香，可以盛入砂锅焖。

3. 香料不宜过重，汁水量过大应加大火力收汁。

图 7 – 4

【拓展知识】

1.广东十大名鸡:清远鸡、文昌鸡、湛江香草鸡、龙门三黄胡须鸡、凉亭土鸡、江村黄鸡、信宜怀乡鸡、中山沙栏鸡、封开杏花鸡、阳山鸡。

2.清远鸡特征:(1)毛幼而滑,(2)黄麻色,(3)颈短,(4)眼细,(5)翼短,(6)脚短而细,(7)脚衣金黄色,(8)冠小,(9)尾大而垂,(10)胸部和尾部特别饱满。

【拓展实践】

每组选择一款清远地区风味菜式练习。

【评价标准】

评价项目	考核要点	分值
评价标准	色:	20
	香:	20
	味:	30
	形:	20
	卫生:	10
总分		

【作业与思考】

1.你所知道的清远地区比较著名的特产是什么?

2.如果要请朋友吃饭,你打算推荐本地区什么风味菜给朋友们品尝? 选择什么特产当手信?

第八篇　其他地方风味菜

模块　香港、澳门地区风味菜

【地区概况】

香港:全称中华人民共和国香港特别行政区。香港是中西方文化交融的中心,亚太地区重要的经济、金融中心,航运枢纽和最具竞争力的城市之一,经济自由度常年高居世界前列,有"东方之珠"的美誉。香港分为:香港岛、新界、九龙和离岛。总面积1070平方公里,人口约713万。

澳门:全称中华人民共和国澳门特别行政区,由澳门半岛、氹仔、路环以及路氹城四大区域所组成。总面积32.8平方公里,人口55.25万人。

【地区特产】

龟苓膏、德发牛肉丸、池记云吞、九记牛腩、杨枝甘露、干炒叉烧意、鱼蛋粉、大澳虾酱、大澳鱼肚、香港螃蟹、香港烧腊、撒尿牛丸、丝袜奶茶、港式茶餐、澳门杏仁饼、猪油糕、竹升打面、葡式旦挞……

【风味菜点】

盆菜、避风塘炒蟹、八仙鸭子、红扒鱼翅、瑞士鸡翼、蛇羹、柳橙鲜虾沙律、碗仔翅、蒜泥蒸鲜虾、上汤焗龙虾、芝士焗龙虾、龙虾刺身、清蒸大闸蟹、水蟹粥、葡国鸡……

【实践案例1】围村盆菜

盆菜看起来就招人爱,满满的一大盆油汁炖汤,层层递进埋了虾球、鸡翅、青菜,好像世上的山珍海味全在这里了,用慢火温着来吃,有滋有味。传统盆菜以木盆盛载,材料则一层叠一层地排放。不过,现在大部分盆菜都改以铜盆、铝盆、锡箔纸盆甚至塑盆来盛载。自从盆菜被发明至今,新界原居民每逢岁时祭祀、年节乃至婚嫁庆典等礼仪时,都会以盆菜招待客人,为的当然是希望嘉宾吃个饱、饮个醉,这正是他们的好客之道。

烹调原料

萝卜、浮皮、枝竹、豆卜、鱿鱼、蚝豉、发菜、冬菇、猪肉、豉油鸡、烧肉红炆肉;姜葱、面豉、南乳、玫瑰露酒片糖、蚝油。

制作程序

第一层:干煎虾碌、油鸡

第二层:炸门鳝、手打鲮鱼球

第三层:冬菇、虾干

第四层:围头猪肉或南乳炆猪腩

第五层:枝竹、鱿鱼

第六层:萝卜、猪皮等

温馨提示

1.古代盆菜:所用的材料最少有八样,包括萝卜、枝竹、鱿鱼、猪皮、冬菇、炆鸡、鱼球和猪肉。

2.近代盆菜:用料更是数不胜数,主要材料包括:猪、鸡、鸭、鹅、鲍、参、翅、肚、鱼、虾、蟹、冬菇、鱼球等;配料则有鱿鱼、门鳝干、虾干、猪皮、枝竹、萝卜等。其中,以围头炆猪肉最考验厨师功夫,亦是围村盆菜的精髓所在。

图 8-1

【实践案例 2】避风塘炒蟹

20 世纪 60 年代开始,由于环境污染,香港沿海以捕鱼为生的渔民,在香港附近的水域很难捕获到鱼,仅靠捕鱼已经难以为生。世代以大海为家的渔民,舍不得离开大海。相比之下,繁荣的铜锣湾却渐渐成为香港地区最繁荣的消费娱乐区。有渔民把目光瞄上了铜锣湾,开始驾船来到铜锣湾,支起炉灶,用渔家特殊的烹调方式,经营特色美食。比如海鲜、粥、粉、面等。最出名的就是"避风塘辣椒炒蟹"、"避风塘草虾"、"避风塘炒面"等。

烹调原料

主料:肉蟹

辅料:蒜蓉、豆豉、干辣椒、面包糠、淀粉

调料:盐、味精、白糖、料酒各适量

制作程序

1.肉蟹宰杀,将斩件的蟹用盐、白酒腌制一下,拍上淀粉备用。

2.蒜蓉、豆豉先用油浸泡备用。

3. 起油锅,八成热时,放入蟹肉、蒜蓉、豆豉、干辣椒炸香后捞起。

4. 锅内留一些余油,炸香蒜蓉、豆豉、干辣椒倒入锅中一起炒香。加入炸香的螃蟹,倒入生抽、味精、白糖、黄酒,继续拌炒入味,炒成焦黄色时,倒入面包糠增加色泽。

5. 炒至面包糠与作料全部融合入味时,即可铲起装盘。

温馨提示

1. 选螃蟹一定要选用大肉蟹。

2. 螃蟹的脐、胃、心和鳃都要去掉,不能食用。

3. 炒蒜蓉和面包糠的时候要注意火候,千万不要炒煳了。

4. 生抽一定要少放,主要是为了提鲜,放多了会影响最后成品的颜色。

5. 菜肴鲜香可口,蒜香浓郁,精髓是那蒜蓉的独特风味,这种蒜蓉的特别之处在于它的甘口焦香,脆而不煳,蒜香味与辣味、豉味结合,达到了一种口味的平衡。

图 8-2

【举一反三】

避风塘虾、避风塘鸡翅、避风塘茄夹、避风塘鲜鱿、避风塘扇贝、避风塘濑尿虾、避风塘豆腐、避风塘九肚鱼、避风塘脆骨、避风塘大闸蟹、避风塘牛蛙

【拓展知识】

避风塘:每年的 6~9 月份,台风都会侵袭我国香港地区,为避免出入香港的船只遭到台风侵袭,1862 年,香港政府在维多利亚海港修建船舶躲避台风的港湾,那里除了可以停泊 50 艘巨轮外,还有许多小型船只也会来此躲避台风,用以避风的共有 11 个地方,最大的就是铜锣湾,被当地人叫作避风塘。

【拓展实践】

每组选择一款避风塘菜式练习。

【评价标准】

评价项目	考核要点	分值
评价标准	色：	20
	香：	20
	味：	30
	形：	20
	卫生：	10
总分		

【作业与思考】

1. 你和朋友到香港旅游,准备介绍什么风味食品给朋友品尝？如果有机会学习做当地的风味菜,你打算做什么菜？

2. 一般人到澳门旅行会带一些手信,你会选择什么当手信？

责任编辑：刘彦会

图书在版编目(CIP)数据

粤式风味家常菜制作/陈少勇主编. -- 北京：旅
游教育出版社,2014.6 (2015.6)

国家中等职业教育改革发展示范校创新系列教材

ISBN 978 - 7 - 5637 - 2942 - 5

Ⅰ.①粤…　Ⅱ.①陈…　Ⅲ.①家常菜肴—粤菜—烹饪
—方法—中等专业学校—教材　Ⅳ.①TS972.117

中国版本图书馆 CIP 数据核字(2014)第 116791 号

国家中等职业教育改革发展示范校创新系列教材

粤式风味家常菜制作

陈少勇　主编

刘小颖　刘世恩　副主编

出版单位	旅游教育出版社
地　　址	北京市朝阳区定福庄南里 1 号
邮　　编	100024
发行电话	(010)65778403 65728372 65767462(传真)
本社网址	www.tepcb.com
E - mail	tepfx@ 163. com
印刷单位	北京嘉业印刷厂
经销单位	新华书店
开　　本	787 毫米 × 1092 毫米　1/16
印　　张	10.25
字　　数	193 千字
版　　次	2014 年 6 月第 1 版
印　　次	2015 年 6 月第 2 次印刷
定　　价	23.00 元

(图书如有装订差错请与发行部联系)